HUOLONGGUO
ZHONGZHI JISHU

火龙果种植技术

《云南高原特色农业系列丛书》编委会 编

主　　编◎杨士吉
本册主编◎张永平

YUNNAN 云
南
GAOYUAN 高
原
特
色
TESE
农
业
NONGYE
系
列
XILIE
丛
书
CONGSHU

U0391408

 云南出版集团

YNKJ 云南科技出版社

·昆明·

图书在版编目（CIP）数据

火龙果种植技术 /《云南高原特色农业系列丛书》
编委会编 . —— 昆明：云南科技出版社，2020.11（2022.8 重印）
（云南高原特色农业系列丛书）
ISBN 978-7-5587-2993-5

Ⅰ . ①火… Ⅱ . ①云… Ⅲ . ①热带及亚热带果—果树
园艺 Ⅳ . ① S667.9

中国版本图书馆 CIP 数据核字 (2020) 第 208041 号

火龙果种植技术

《云南高原特色农业系列丛书》编委会　编

责任编辑：唐坤红　洪丽春
助理编辑：曾　芫　张　朝
责任校对：张舒园
装帧设计：余仲勋
责任印制：蒋丽芬

书　　号：ISBN 978-7-5587-2993-5
印　　刷：云南灵彩印务包装有限公司印刷
开　　本：889mm×1194mm　1/32
印　　张：4
字　　数：101 千字
版　　次：2020 年 11 月第 1 版
印　　次：2022 年 8 月第 4 次印刷
定　　价：22.00 元

出版发行：云南出版集团公司　云南科技出版社
地　　址：昆明市环城西路 609 号
电　　话：0871-64114090

编　委　会

主　　任　唐　飚

副 主 任　李德兴

主　　编　张永平

参编人员　周安禹　施菊芬　张　桦

审　　定　李德兴

编写学校　云南省红河州农业学校

前　言

　　火龙果为仙人掌科量天尺属植物，原产于中美洲热带，后由法国人、荷兰人传入越南、泰国等东南亚国家以及我国。

　　火龙果营养丰富、功能独特，含有一般植物少有的植物性白蛋白及花青素，丰富的维生素和水溶性膳食纤维。火龙果因其外表肉质鳞片似蛟龙外鳞而得名。它光洁而巨大的花朵绽放时，飘香四溢，盆栽观赏使人有吉祥之感，所以也称"吉祥果"。

　　火龙果含有一般植物少有的植物性白蛋白及花青素，丰富的维生素和水溶性膳食纤维，富含维生素C，铁元素含量比一般水果要高，是一种低能量、高纤维的水果。

目　录

第七篇　病虫害防治

第八篇　火龙果采收

第一篇　火龙果的市场前景

　　火龙果为仙人掌科、量天尺属植物，原产中美洲。火龙果是热带、亚热带植物，果实营养丰富，且有食疗、保健功能，对预防便秘、降低血糖、血脂等，效果显著。火龙果是多年生攀缘性肉质藤蔓植物，果实清甜多汁，口感极佳，可连续采收30年。火龙果不仅可采摘后直接食用，也可制成各种蜜果制品，如果粉、果酱、果汁饮料，还可在授粉后谢花前采收鲜花制成干燥霸王花干等，是农民脱贫致富的一个新项目。

一、火龙果的营养价值

　　（1）火龙果中花青素含量较高。花青素是一种效用明显的抗氧化剂，它具有抗氧化、抗自由基、抗衰老的作用，还具有抑制脑细胞变性，预防痴呆症的作用。

　　（2）火龙果中富含一般蔬果中较少有的植物性白蛋白，这种有活性的白蛋白会自动与人体内的重金属离子结合，通过排泄系统排出体外，从而起到解毒的作用。此外，白蛋白对胃壁还有保护作用。

　　（3）火龙果富含维生素 C，可以消除氧自由基，具有美白皮肤的作用。

　　（4）火龙果是一种低能量、高纤维的水果，水溶性膳食纤维含量非常丰富，

经常食用火龙果，能降血压、降血脂、润肺、解毒、养颜、明目，对便秘和糖尿病有辅助治疗的作用。低热量、高纤维的火龙果也是那些想减肥养颜的人们最理想的食品，可以防止"都市富贵病"的蔓延。

（5）火龙果中含铁元素量比一般水果要高。铁元素是制造血红蛋白及其他含铁物质不可缺少的元素，对人体健康有着重要作用。

（6）火龙果中芝麻状的种子有促进胃肠消化的功能。

（7）火龙果果实和茎的汁对肿瘤的生长、病毒感染及免疫反应抑制等病症表现出了积极作用。

二、火龙果的经济价值

火龙果的种植投资相对来说并不算高，种植一亩火龙果需要建 110 根水泥柱，一般 15 ～ 20 元一根，合计 2200 元。一般一柱四苗，需要 440 棵苗，普通红肉种 3 ～ 5 元一棵，贵点的红水晶估计要 10 元一苗，以普通红肉种来算要 2200 元，再加上人工、肥料 1200 元 / 亩，前期投资就要 5600 元 / 亩。

火龙果一般全年的平均收购价格为红肉火龙果

10～12元/千克，白肉火龙果6～8元/千克，以红肉火龙果产量2500～3000千克/亩、白肉火龙果3000～3500千克/亩计算，种植一亩红肉火龙果的毛收入为25000～30000元，种植一亩白肉火龙果的毛收入为18000～24000元，减去成本一亩火龙果的收益也在15000元以上。

三、火龙果种植的市场前景

火龙果为热带、亚热带水果，其栽培种植技术简单。性喜温暖潮湿，耐阴耐贫瘠，生长的最适温度为25～35℃，年最低温高于5℃的地方均可露天种植。对土壤的要求不严，平地、水田、山坡或旱地均可栽培，在肥沃、排水良好的中性或微酸性沙红壤或壤土中生长良好，具气生根，根多强壮，生命力极其旺盛。火龙果具有十分明显的优势，市场前景好，经济效益高，已越来越引起人们的重视，将成为助推云南高原特色农业深入发展、促进农民增收的朝阳产业。

（一）种植现状

火龙果是亚洲第五大著名的热带水果，在荔枝、龙眼、香蕉和芒果之后。火龙果原产于巴西、墨西哥等中美洲热带沙漠地区，后由南洋引入我国台湾地区，再由台湾地区改良引进云南、海南、广西、广东等地。火龙果是大家喜爱的热带水果，伴随着近年来火龙果市场的不断走俏，火龙果在我国的种植数量逐渐增加，种植品种也在不断扩大。数据显示，2018 年底，我国共种植火龙果约为4.2 万公顷，主要分布在云南、广西、广东、贵州、福建、海南等省份。其中广东种植 1.1 万公顷、广西 1.6 万公顷、

云南 0.4 万公顷、贵州 0.8 万公顷、海南 0.4 万公顷、福建 0.2 万公顷，主要以白心火龙果种植为主，红心火龙果种植极少。

（二）水果优势

1. 火龙果具有独特诱人的外形

火龙果果皮上具有向外张开的柔软红色鳞片，像正在燃烧的火球，极具观赏价值，让人垂涎欲滴又不舍得吃，很容易使人将它与高品质的名优水果联系起来。

2. 采收期长，便于均衡上市

大多数水果一年只开一次花结一次果，上市期集中，而火龙果正与此相反，产期非常分散。在云南省红河州从 5 ~ 11 月开 6 ~ 8 次花，结 6 ~ 8 批果，从授粉到成熟仅需 35 天，上市长达半年之久，非常有利于均衡上市。

3. 火龙果是新世纪绿色水果的典型代表

人类食用仙人掌的历史十分悠久，在许多人的心目中，仙人掌是一种生命力顽强，绿色健康的植物，因而容易使火龙果以绿色水果的良好形象深入人心，从而带动市场消费。事实证明，火龙果的确是一种无污染的环保型水

果，非常适合进行绿色栽培。

4. 耐贮运，是南果北运的理想水果

火龙果的果皮有一层蜡质，具有保护作用。在常温状态下可以保存 1 个月，风味不发生变化，如果采用冷藏法保存，保质期可长达 2 个月。这些特点决定了火龙果是极耐贮运的水果，其南果北运的优势比荔枝、龙眼和芒果等都明显。

（三）市场前景

由于火龙果独具诸多优点，并且越来越被消费者认识和接受，因此销售市场不断扩大，加之火龙果作为新兴名特优水果中的新秀，一般在水果超市出售，价格较高，因此进行让利销售，扩大消费群体的空间很大。同时，由于火龙果在我国南方各省区种植（在北方也有利用保护地种植的）成功的时间短，相关资料欠缺，只要掌握技术，尽早种植，抢占市场，前景广阔。

据中国产业调研网发布的中国火龙果行业现状调研分析及市场前景预测报告（2019 版）显示，尽管近年来我国火龙果的栽培面积逐年扩大，但由于市场消费需求增长更快，火龙果市场缺口很大，国内生产的果品远满足不了本国的市场需求。近几年，国内

市场火龙果商品果的出园价多稳定在 8 ~ 16 元 / 千克，经济价值较高。但火龙果种植品种较为单一、优良品种较少，高档火龙果尤其是甜度高、风味佳的品种，其面积和产量更是凤毛麟角。优质火龙果产业在今后较长一段时间内前景非常好。从火龙果主要种植品种来看，种植的火龙果多为白心火龙果，红心火龙果比较少见，价格也更贵。如果我国人均年消费火龙果 0.5 千克，尚需 70 万吨，需配套种植面积 1200 万公顷以上。

虽然种植面积有所扩大，但市场缺口依然巨大。虽然大众对火龙果的总体了解不够，但因人口众多，销售量也急剧增加，市场容量仍然很大。根据北京、上海、广州、东北地区市场调查，其每天销售量约在 30 ~ 60 吨左

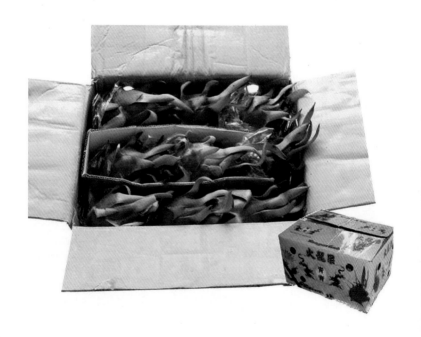

右。乐观预计未来几年火龙果行业会出现"产销两旺"局面，需求量增长率在 8% 左右，从 2010 年的 98.5 吨增长到 2019 年的 137.3 吨。随着经济的发展和人民生活水平的逐步提高，人们越来越重视食物的营养及合理膳食结构，火龙果作为一种集纯天然性、复合营养保健性于一体的功能食品原料，受到人们的欢迎，具有广阔的国际、国内市场。

第二篇　火龙果生物学特性和主要品种

一、生物学特性

（一）植物学特征

火龙果为多年生攀缘性的多肉植物。植株无主根，侧根大量分布在浅表土层，同时有很多气生根，可攀缘生长。根茎深绿色，粗壮，长可达7米，粗10～12厘米，具3棱。棱扁，边缘波浪状，茎节处生长攀缘根，可攀附其他植物生长，肋多为3条，每段茎节凹陷处具小刺。由于长期生长于热带沙漠地区，其叶片已退化，光合作用功能由茎干承担。茎的内部是大量饱含黏稠液体的薄壁细胞，有利于在雨季吸收尽可能多的水分。

1. 芽

内有数量较多的复芽和混合芽原基，可以抽生为叶芽、花芽。花芽发育前期，在适宜的温度条件下，可以向叶芽转化。而旺盛生长的枝条顶端组织，也可以在适当的条件下抽生花芽。

2. 花

白色，巨大子房在下部，花长约30厘米，故又有霸王花之称。花萼管状，宽约3厘米，带绿色（有时淡紫色）的裂片；

具长 3 ～ 8 厘米的鳞片；花瓣宽阔，纯白色，直立，倒披针形，全缘。雄蕊多而细长，多达 700 ～ 960 条，与花柱等长或较短。花药乳黄色，花丝白色；花柱粗 0.7 ～ 0.8 厘米，乳黄色；雌蕊柱头裂片多达 24 枚。

乐龙市场铜

3. 果实

长圆形或卵圆形，表皮红色，肉质，具卵状而顶端急尖的鳞片，果长 10 ～ 12 厘米，果皮厚，有蜡质。果肉白色或红色。有近万粒具香味的芝麻状种子，故称为芝麻果。

（二）对环境条件的要求

性喜温暖潮湿，耐阴耐贫瘠，生长的最适温度为 25 ～ 35℃，低温高于 5℃ 的地方均可露天种植。对土壤的要求不严格，平地、水田、山坡或旱地均可栽培，在肥沃、排水良好的中性或微酸性沙红壤或壤土中生长良好，最适宜的土壤 pH 值为 6 ～ 7.5，最好选择有机质丰富和排水性好的土地种植。火龙果不耐霜冻，冬季温度低于 0℃ 的地区采用简易大棚种植。具气生根，根多强壮，生命力极其旺盛。繁殖方法主要采用扦插和嫁接，种植时一般柱的株行距为 1.5 米 ×3 米，按每柱周围栽 4 株苗计算，每亩可植 600 株。火龙果一年四季均可种植，注意不可深植，植入约 3 厘米深即可，初期应保持土壤湿润。由此决定其栽培特点，地表最好能有一层疏松透气湿润的覆盖物，例如枯枝落叶或生长中的杂草，仿照它祖先的生长条件，使气生根能在近地浅表蜿蜒伸展吸水吸肥。

1. 温度

温度是火龙果能否种植的决定因素。火龙果原产地为热带地区，这便造就了火龙果是一种典型的热带和亚热带水果，它不怕高温却很怕低温，最佳生长温度为 25 ~ 35℃。火龙果种植区域要求年均温不低于 18℃，1 月均温不低于 8℃，在 8℃时生长缓慢，低于 4℃时会受冻害，温度低于 10℃和高于 38℃则进入休眠或半休眠状态。火龙果喜温暖，较高的昼夜温差有利于养分的积累。

2. 光照

火龙果是典型的阳生植物，它喜欢温暖的直射阳光，如果在一段时间内光照时间长，阳光充足，火龙果的光合作用就特别旺盛，肉茎粗壮、色泽浓绿，植株强壮，孕蕾多，花多、果大、丰产，反

之则可导致植株徒长，结果量明显减少。因此，火龙果应种在开阔的荒地，尤以阳面坡地为佳。火龙果的最适光照强度在8000勒以上，低于2500勒的光照条件对营养积累有明显影响。对于比较老熟的枝段，集中高强度日光直射，如果时间太长，积累的热量得不到散失，会导致部分火龙果枝条产生日灼。

3. 水分

火龙果是一种耐旱植物，但是它的生长却需要较充沛的水分，因为土壤中的水分主要影响植物根系的发育，而根系发育是否健壮则直接影响到植株是否能够快速生长。如果火龙果种植地长期缺乏水分，就会造成火龙果生长停滞，甚至原有的粗壮肉茎会慢慢枯萎。每年的5～11月间，正值火龙果开花结果期，此时的火龙果植株所需水

分较大，特别在果实膨大期所需水分最大，土壤中的持水量保持在 60%～70% 为最佳。田间浇水次数与多少依不同生长季节而定。一般春天地温低，蒸发量小，植株生长缓慢，水分消耗少，应少浇水，春夏交错季节，光照充足，且风大，蒸发量大，此时应适当多浇些水。在盛夏阳光强烈，气温过高，植株会出现短时休眠，应少浇水，同时加盖遮阴网降温，并注意排涝防汛，田间忌积水，避免烂根。秋天来临，气温适宜，加之昼夜温差大，植株生长快，应适当多浇水。天气炎热、气温高的季节浇水以早晨或傍晚为好。植株生长旺季适宜勤浇水，在挂果期以土壤不湿不干为宜，采果前 5 天应停止浇水，以利糖分的积累。

4. 土壤

火龙果对土壤的适应性很强，但以疏松透气、排水良好、保水保湿性强、富含有机质的壤土为好，黑黏土、红黏土应掺以沙子、稻壳、锯末、草炭灰等进行改良。

火龙果是一种生命力非常旺盛的植物，对土壤的适应性极其广泛，它能够在山地、旱

地、半旱地、石山地、荒地、渍水的低洼地生长良好，尤其是与本地砧木量天尺进行嫁接后的火龙果，其适应性更加广泛。虽然火龙果的适应性很广，但它仍然有最适宜生长的 pH 土壤环境，一般来说，火龙果生长在中性或微偏碱性的土壤中最好，即 pH 值在 6 ~ 7 之间。因此，对于种植在曾经多次施过化肥的土壤中，建议最好用草木灰、石灰、河蚌壳粉等进行土壤微碱化处理。对于那些多年丢荒已长满野草的土地，多数可以不必微碱化处理，因为其 pH 值已被野草改变过来。虽然火龙果对土壤酸碱度的选择不太严格，但合理的土壤的 pH 值对火龙果快速生长和丰产同样有着重要意义，可采简单方法加以判断土壤 pH 值，即取少量土壤放在一个瓷皿中，放少量水使土壤湿润，再将土壤浸出液用 pH 试纸进行显色观察便可得出土壤的 pH 值。

5. 附着物

火龙果是藤蔓类植物，它的生长需要依附在一定的附着物上，对于附着物材料的选择没有什么严格要求，只要附着物有一定的硬度且垂直向上就可以了。因此，种植火龙果时一般都要在植株旁边立一根支柱，可以是水泥柱，也可以是木桩，也可以用铁网或铁丝牵引。

6. 营养

在种植前期，与许多传统水果相比火龙果的用肥量少。但是，这并不等于火龙果不需要各种营养成分，相反，由于火龙果生长速度快，亩产量高，在整个生长周期中所需要的肥料必须充足。总的来说，火龙果是一种喜肥怕瘦的水果品种，在生长前期应供足氮肥，以帮助植株快速长高长壮，多分枝条；在植株生长中后期则应均衡施用氮磷钾肥，以增加植株的光合作用，促使植株早开花和提高果实中的蛋白质、维生素含量等。另外，由于火龙果的抗病性非常强，是发展绿色水果的首选品种之一，因此，应多施用有机肥，少施化肥。采取草生栽培法种植火龙果可为火龙果的生长发育创造良好的水肥气热条件，提高火龙果的光合效率，为丰产优质奠定基础。

二、火龙果品种

（一）按果肉颜色分

1. 红心火龙果

红心火龙果的果肉为红色或者紫红色的，鲜食口感较佳，在云南、广东、广西地区产期为 5 ~ 11 月，而在海南的地区产期更长。它的果肉可加工成果汁、果粉、色素、果冻

以及果酱等。目前红心火龙果的品种较混乱，很多品种都没有明确的名字，以它们的果肉颜色将其统称为红心火龙果。它的果实呈卵形、圆形或圆筒形，果皮鲜艳，果肉细腻多汁，可溶性固形物达 16% ~ 21%，营养价值极高。

2. 白心火龙果

白心火龙果顾名思义，它的果肉是白色的，鲜食口感一般，在云南、广东、广西等地的产期为 6 ~ 10 月，同样也可加工成果汁、果粉以及果酱。和红心火龙果一样，它的品种极多，以越南 1 号品种最佳，是目前越南主栽品种。适应力强，生长快。果实大且无刺，单果重 400 克以上，最大可达 1 千克以上，可溶性固形物达 18%。

3. 黄皮火龙果

黄皮火龙果又名麒麟果，不同于前两个种类，它是火龙果品种中最为稀有和最贵的，它原产自美洲地区，营养丰富、功能独特，含有花青素和植物性白蛋白，此外还含有丰富的维生素和水溶性膳食纤维。因其外表是肉质鳞片的样子，所以得名麒麟果，它的果肉是白色的，但是却呈一种透明的状态。它种植起来比较困难，生长较慢，而且产量较少，所以市场上不常见，单果平均重量低于500克，但是售价可达60元一个，可谓火龙果中的珍宝。

（二）按育种地分

1. 台湾

台湾是国内最早进行火龙果品种引进、收集、保存以及育种工作的地区。主要有红肉系列：大红（陈永池、蔡冬训）、金都一号（王金都、王德兰、陈永池）、软枝大红、蜜宝（昕运一号）、蜜红（昕运国际）、喜香红、台农一号（小甜甜）、三色龙（蔡代琴）、吴沛然系列（福龙、帝龙、甜龙、银龙）、富贵红（蔡国仪）、香蜜龙、蜜龙 、祥龙、青龙、无刺（善龙）、金钻、银钻、石火泉、蜜玄龙、女王头等。

（1）大红

2010年台湾南投县陈永池和蔡东训两位果农选育而成，因果实大且果肉颜色深红而得名。果实椭圆形，平均单果重400克以上；果皮红色，鳞片短且薄，红肉，果肉中心可溶性固形物含量17.5% ~ 20.1%，肉质细腻，味清甜，裂果率中等。自花亲和性好，柱头与花药距离短，不需要人工授粉及异花授粉即可有中等以上的果，且开花期间遇雨亦不影响结果。该品种的缺点是皮薄，货架期较短。

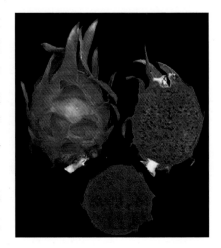

（2）软枝大红

软枝大红火龙果是台湾火龙果专家陈永池先生历经十多年钻研并通过"优选"方式培育出来的好品种。该品种连续多年在台湾地区红心火龙果评比中获大奖，自花

授粉（不用人工授粉），品质优、口感好、卖相佳、甜度高，具有果型好、色泽鲜艳、肉质细嫩、口感清甜等特点，该品种雄蕊与雌蕊（花柱）同株并紧密接触，自花亲和力强，自花授粉完全，坐果率高；果大，单果均重在500克以上；果甜，甜度20°以上，中心甜度最高达23°～24°，抗病性较强，不易感病。挂果时间长，果熟后能挂留在树上20天左右不裂果（秋冬季长达一个月），错峰上市，增加收益。

（3）金都一号

树冠呈伞形，枝条深绿色，粗壮，当年生枝易下垂。花冠大型，花萼粗短，花瓣白色，雌蕊柱头平或稍高于雄蕊，与雄蕊距离较近，自花亲和性好，不需要人工授粉即可结中大果。果实短椭圆

形，单果重400～900克，平均纵径10.6厘米、横径9.7厘米；果萼鳞片短且薄，顶部浅紫红色；果皮紫红色，厚度0.15～0.38厘米，果皮韧性好，不易断裂；果脐收口较窄且突出，不易裂果；果肉深紫红色，果肉可溶性固形物含量21.2%，可食率78.8%，肉质细腻，味清甜，有玫瑰香味。自花结实能力强，不裂果。

（4）蜜红

蜜红火龙果品种是 21 世纪初我国台湾选育出的超大果型红肉火龙果优良新品种，属自交亲和型，自然授粉，品质优，是目前台湾大力推广的红肉火龙果优良新品种。2011 年，福建省农业科学院果树研究所从台湾引进"蜜红"火龙果品种，经栽培观察，表现出树势强，枝条萌芽力强，早果性强，结果期长，大果型，平均单果重 650克，最大可达 1.5 千克以上，产量高，果甜度高，中心可溶性固形物可达 22% 以上。自花授粉率 100%，不易裂果、品质优、耐贮性好、早丰产、产量高、适应性和抗逆性强等诸多优点，综合性状表现优，深受果农的喜爱。

2. 广东

广东是大陆地区最早种植火龙果和开展火龙果育种工作的省份。广东主要种植或审定品种有：水晶系列（白水晶、粉水晶、红水晶、仙龙水晶等）、莞华系列（莞华白、莞华红、莞华粉红、双色 1 号、红冠 1 号等）、粤红系列（粤红、粤红 3 号等）。

（1）红/白水晶

果实近球形，果皮红色，鳞片较多，成熟鳞片呈黄绿色，平均单果重 215.4 ~ 340.1 克，果皮厚 0.2 厘米。品质优，肉质细腻软滑、风味浓郁，可食率 76.6%，可溶性固形物含量 16.5% ~ 18.8%。自交不亲和，要异花授粉。不易裂果，不耐贮运。

（2）仙龙水晶

植株生长旺盛。扦插苗定植后第二年开始结果，谢花 25 ~ 40 天果实成熟。果实椭圆形，整齐均匀，单果重 325 克；果皮粉红色，鳞片数较多，果皮厚 0.30 厘米；果肉白色，肉质清爽、清甜。可溶性固形物含量 15.4%，总糖含量 11.2%，还原糖含量 10.06%，可滴定酸含量 0.19%。丰产性能良好，3 年生、4 年生和 5 年生植株平均单株产量分别

为 3.68 千克、5.75 千克和 6.67 千克，折合亩产分别为 1620.67 千克、2530.00 千克和 2933.33 千克，需要授粉。

（3）粤红火龙果

植株生长旺盛。嫁接或扦插苗定植后第二年开始结果，谢花 25 ~ 40 天果实成熟，果实椭圆形，整齐均匀，80% 以上单果重大于 400 克；果皮浅红色，鳞片较稀疏，果皮厚 0.34 厘米，果肉紫红色。品质优良，肉质爽脆、酸甜适中。不易裂果、耐贮运，可溶性固形物含量 14.4%，总糖含量 10.0%，还原糖含量 9.1%，可滴定酸含量 0.45%。3 年生、4 年生和 5 年生植株平均单株产量分别为 3.8 千克、5.3 千克和 6.2 千克，折合亩产分别为 1520 千克、2120 千克和 2480 千克。

（4）粤红 3 号

植株生长旺盛，枝蔓扭曲。扦插苗定植后第二年开始结果，谢花 25 ~ 40 天果实成熟。果实圆球形，整齐均匀，平均单果重 285 克；果皮粉红色，鳞片薄且数目较多，果皮厚 0.20 厘米；果肉白中带粉，肉质细软、清甜；可溶性固

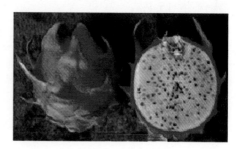

形物含量 14.1%，总糖含量 9.54%，还原糖含量 8.97%，可滴定酸含量 0.145%。田间表现对火龙果溃疡病具有较强抗性，需要授粉。丰产性能良好，3 年生、4 年生和 5 年生植株平均单株产量分别为 3.17 千克、4.95 千克和 5.75 千克，折合亩产分别为 1394.80 千克、2178.00 千克和 2530.00 千克。

（5）莞华白

植株生长比较旺盛。扦插苗定植后第二年开始结果。果实长椭圆形，单果重 300.5 ~ 451.4 克，较整齐；果皮浅红色，鳞片较短，密度中等，果皮厚 0.2 厘米；果肉白色，肉质爽脆、味清甜，可溶性固形物含量 15.2% ~ 18.7%，总糖含量 10.8%，可滴定酸含量 0.128%，可食率 76.6%。自花结实能力较强，花期 6 月上旬至 10 月下旬，开花到果实采收需要 28 ~ 45 天。不易裂果，耐贮运。试验地每柱种植 2 株的条件下，2 年生、3 年生和 4 年生平均单株产量分别为 1.48 千克、4.10 千克和 7.20 千克，按每亩 167 柱计算，折合亩产分别为 494.3 千克、1369.4 千克和 2404.8 千克。

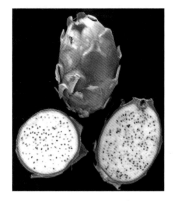

（6）莞华红粉

植株生长比较旺盛。扦插苗定植后第二年开始结果，谢花 25 ~ 45 天果实成熟。果实近椭圆形至球形，平均单

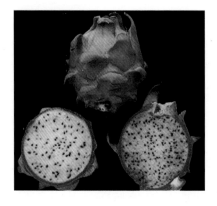

果重 376.69 克，可食率 89.1%，果皮鲜红色，鳞片中等偏疏，果皮厚 0.2 厘米，果肉紫红色。品质优良，肉质软滑，可溶性固形物含量 14.5%，总糖含量 11.3%，可滴定酸含量 0.168%。在试验地每柱种植 2 株的条件下，2 年生和 3 年生平均单株产量分别为 1.9 千克、5.2 千克，按每亩 167 柱计算，折合亩产分别为 635 千克和 1737 千克。

（7）双色 1 号（变色龙）

植株生长较旺盛。扦插苗定植后第二年开始结果，果实近球形，平均单果重 350.7 克，果皮暗红色，鳞片大小中等，略外张，数目较多；果肉外层红色，中心白色，果肉硬度是大叶水晶的 1.5 倍，香味独特。果皮厚 0.2 厘米。品质特优，肉质爽脆、清甜，口感极佳。可食率 79.7%，果肉中心可溶性固形物含量 18.4% ~ 19.8%，整个果可溶性固形物含量 13.5%（同一时期大叶红水晶为 12.7%），总糖含量 9.8%，可滴定酸含量 0.2%。丰产性良好，2 年生、3 年生平均单株产量分别为 1.8 千克和

4.2 千克，按每亩 110 柱计算，折合亩产分别为 789.7 千克和 1852.7 千克。自花结实能力强，适合大棚种植。

（8）红冠 1 号

植株生长较旺盛。扦插苗定植后第二年开始结果，果实椭圆形，平均单果重 307.9 克，果皮鲜红色，厚 0.3 厘米。果肉紫红色，品质特优，肉质细腻软滑、清甜，口感极佳。可食率 77.2%，鳞片大小中等、数目较少。可溶性固形物含量 15.0%，总糖含量 10.1%，可滴定酸含量 0.2%。自花结实能力强。适合观光采摘。丰产性良好，2 年生、3 年生平均单株产量分别为 1.9 千克和 3.7 千克，按每亩 110 柱计算，折合亩产分别为 681.7 千克和 1628.3 千克。

（9）莞华红

植株生长比较旺盛，扦插苗定植后第二年开始结果，谢花 25～45 天果实成熟。果实近椭圆形至球形，平均单果重 376.69 克，可食率为 89.1%，果皮鲜红色，鳞片中等偏

疏，果皮厚0.2厘米；果肉紫红色。品质优良，肉质软滑，可溶性固形物含量为14.5%，总糖含量为11.3%，可滴定酸含量为0.168%。试验地每柱种植2株的条件下，2年生和3年生单株平均产量分别为1.9千克和5.2千克，按每亩167柱计算，折合亩产2年生和3年生平均产量分别为635千克和1737千克。植株生长旺盛，自花结实能力较强，不易裂果，耐贮运，适合做商品果。

3. 贵州

贵州主要审定品种有红肉系列：紫红龙、粉红龙、黔果1号、黔果2号；白肉系列：晶红龙。

（1）紫红龙

自花结实能力弱，需人工授粉。四季均能生长，每年结果 10 ~ 12 批次，从现蕾到开花 15 ~ 21 天，从开花到果实成熟 28 ~ 34 天，成熟期为每年 7 ~ 12 月。果实圆形，果形指数 1.03，平均单果重 660 克，最大重 1200克。果肉紫红色，种子黑色，可食率 83.96%，可溶性固形物 12.0%。果实鳞片红色、基部鳞片反卷；果皮红色，

较原品种深，厚度 0.25 厘米。枝条平直、粗壮，整体绿色，刺座周围木栓化及缺刻不明显，且着生于突起点前端。外花被片末端圆钝、边缘紫红色，花瓣米黄色，柱头黄色，末端分叉。果实营养丰富，风味独特，香甜可口。具有较强的抗旱性。平均亩产 1996.7 千克，比原品种增产 11%；2006 ~ 2007 年两年生产试验平均亩产 1447.5 千克，比原品种增产 11.2%。

（2）粉红龙

自花结实能力弱。四季均能生长，每年结果 9 ~ 10 批次，从现蕾到开花 16 ~ 18 天，从开花到果实成熟 30 ~ 38 天。果实椭圆形，平均单果重 340 克，果肉粉红色，种子黑色，果形指数 1.22，可食率为 78.5%，可溶性固形物含量为 11.7%。果皮红色，厚度 0.29 厘米，肉质茎表面具白色粉状披覆物，果实鳞片成熟时为黄绿色。枝条平直、粗壮宽大，整体绿色，边缘木栓化及缺刻不明显，刺座较稀，且着生于凹陷处。外花被片末端较尖、边缘及中心红绿色，花瓣深黄色，柱头黄色，长于花药，末端分叉。果实营养丰富，口感较好，具有较强的抗旱性。

（3）晶红龙

贵州省果树科学研究所通过芽变途径选育而成的白肉类型品种，2009 年 12 月通过贵州省农作物品种审定。果

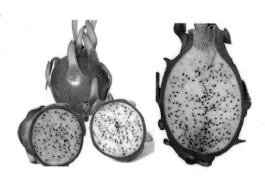

实长椭圆形，果皮紫红色，果实鳞片黄绿色、平直，果皮厚度 0.30 厘米。平均单果重 400 克。果肉白色，可食率 73.3%，可溶性固形物含量 12.0%。每年结果 7 ~ 9 批次，从现蕾到开花 16 ~ 18 天，从开花到果实成熟 28 ~ 34 天。自花结实能力弱。

4. 广西

广西是全国各省区中火龙果种植面积最大的地区，目前已审定通过的品种主要有：金都一号、桂红龙一号、美龙 1 号、美龙 2 号、美龙 3 号、桂热 1 号等。

（1）桂红龙一号

自然授粉结实率高（90% 以上）。树冠呈疏散伞形，枝条深绿色，蜡质层较薄，无蜡粉，棱边较平直，胼胝（角质）带不明显，小窠略突，刺座小刺 1 ~ 3 根，较短，灰褐色。枝条长直、较粗壮，直径 4.0 ~ 6.0 厘米，节间长 4.0 ~ 6.0 厘米。气根较少，分枝性中等。单生花大型，较粗壮，纵径长 4.0 厘米 ~ 6.0 厘米，直径 4.0 ~ 6.0 厘米；花托筒的披针形鳞片有紫色斑线；外层

花被片黄绿色，线状披针形，先端渐尖，有的短尖头稍带紫色；瓣状花被片白色，长圆状倒披针形，较宽；花丝黄白色，花药发达；花柱黄白色，粗壮，柱头略高于雄蕊（普通红肉种柱头普遍高于雄蕊）。果实近球形，红皮红肉，果实较大，单果重350～900克，平均单果重533.3克，果皮厚度0.30～0.36厘米，果肉中心可溶性固形物含量18.0%～21.0%，边缘可溶性固形物含量12.0%～13.5%；肉质细腻，汁多、味清甜，品质优良。耐贮性好，在自然授粉情况下，2年生平均亩产在1064.78千克，3年生平均亩产1856.54千克，4年生平均亩产2869.75千克。

（2）美龙1号

自花结实能力强。树冠圆头形，枝条绿色、直长较细，边缘有褐色棱边，分枝性中等。花冠大型，花萼筒大小中等，花瓣白色，雌蕊比雄蕊略长，自然结实。果实椭圆形，平均纵径 12.4 厘米、横径 8.6 厘米，平均单果重 525 克，果皮鲜红色、厚度 0.24 厘米，

鳞片较长，长反卷，绿色至黄绿色；果肉大红色，可食率 76%，果肉中心可溶性固形物含量 20.1%，果肉边缘可溶性固形物含量 14.9%；肉质脆爽，清甜微香。果实转红后留树期 8 天（夏季，冬季 15 天）左右，常温货架期 5 ～ 7 天。综合抗病力中等。

（3）桂热 1 号

自花结实能力强。茎粗 5 ～ 7 厘米、深绿色、边缘形状波浪形、颜色褐色，刺座数量 3 个、短针状、灰褐色。花被片边缘黄绿色、花瓣白色、萼片黄绿色；雄蕊柄长度 17 ～ 18 厘米，雌蕊柄长度 17 ～ 18.3 厘米，雌蕊柱头分叉 29 枝。果实重量多数在 600 克以上，果皮鲜红色，果肉紫红色，苞片不带刺，苞片

上下左右间距大，苞片数比"桂红龙1号"少，苞片基部比"桂红龙1号"宽，苞片基部至尾部收缩幅度大，苞片略短，苞片基部红色，中上部暗红色，苞片斑线不明显。第1年平均亩产1149.0千克，第2年平均亩产1685.0千克，第3年平均亩产2015.0千克。

5. 海南

（1）紫龙火龙果

2013年海南省农业科学院热带果树研究所审定。果实呈短椭圆形至圆球形，中等大小，平均单果重385.2克，果皮厚0.18厘米，可食率74.2%，可溶性固形物含量14.6%，可滴定酸含量0.16%。果肉紫红色，肉质细腻多汁、风味浓郁，综合性状优良。

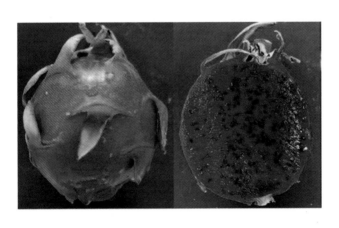

（2）大龙

投产早，可自花授粉。该品种幼果为绿色，成熟果椭圆形至长球形，紫红色，平均纵径12.46厘米、横径9.23厘米，平均单果重510.4克，最大单果重825克，果实鳞片红色、钝三角形至剑形。果皮厚度0.26厘米，果实可食率77.46%，果肉紫红色，肉质细腻多汁，含水量90.20%，总酸含量0.25%，维生素C

含量86.70毫克/千克，可溶性总糖含量11.07%，可溶性固形物含量15.5%~18.0%，具黑芝麻状种子，可食用。果实着色好、色鲜艳，果肉细腻多汁，口感风味俱佳，风味浓郁，以阳光充足、少雨季节的品质为佳。

（3）临家红韵

海南天地人生态农业股份有限公司培育，生长旺盛，对环境适应能力强；栽培简单，不需要人工授粉，枝条和花芽萌发能力强。果皮光亮，鳞片不容易干枯。果实紧密，果肉为粉红色；甜酸适中，风味独特；切食不溢流红色果汁，耐储运、货架期长。

（三）其他优（特）异火龙果种质

1. 有刺黄龙果（麒麟果/燕窝果）

有刺黄龙可以分为哥伦比亚的黄麒麟和厄瓜多尔的燕窝果。前者需要异花授粉，一年 2 ～ 3 批花，成熟后果型偏长；后者可以自花授粉，一年 3 ～ 4 批花，成熟后果型椭圆形。有刺黄龙果皮黄色、有光泽，鳞片短，靠近鳞片有 4 ～ 10 根小刺，成熟果实小刺易脱落；果肉白色，可溶性固形物 25% 左右，是火龙果中品质最佳、口感甜度最好的一个类型。单果重 200 ～ 400 克，种子比其他类型的火龙果种子大。有刺黄龙从现花蕾至开花约 30 天，开花至果实成熟要 90 ～ 150 天（夏：90 ～ 100 天；秋、冬：110 ～ 150 天）。目前国内燕窝果的种植尚处于起步阶段，果较小，产量低，抗病性较弱，种植尚未形成规模，适宜于果园管理水平高、资金雄厚的基地种植。

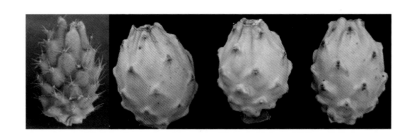

2. 以色列无刺黄龙果

植株长势较强，开花结果习性与红皮白肉类型的火龙果相似。果实椭圆形或扁圆球形，果大，平均单果重400 克左右；果皮黄色、有光泽，鳞片绿色；果肉白色，中心可溶性固形物 16%左右，品质一般。在夏季，无刺黄龙果从现花蕾至花开放需要 16～18 天，30～35 天果实成熟。以色列无刺黄龙果的缺点是需要授粉。

3. 青皮白肉火龙果（青龙果）

植株长势较旺，花红色，果椭圆形，果皮绿色，鳞片绿色、较脆，果皮较厚，果肉白色，平均果重 200 克左右；品质特优，口感清脆，肉质细腻软滑、清甜，有一种特殊的香味，口感极佳，可溶性固形物含量 20% 以上。由于青皮白肉火龙果自交不亲和，需要异花授粉，果较小，产量低。

4. 青皮红肉

花瓣乳白色，花被绿色；果椭圆形，果皮和鳞片绿色；果大，平均果重 430 克左右；果肉红色，中心可溶性固形物含量 16% 左右，肉质软滑、多汁，品质一般。

在夏季，青皮红肉从现花蕾至花开放需要16～18天，花谢30～35天果实成熟。果皮由

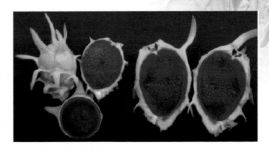

绿色转成绿中带红色时表示成熟过度，果肉会变质而不能食用。青皮红肉火龙果果大，产量高，品质一般，果实成熟时果肉中心易腐烂。

5. 黑龙

植株长势较强，开花结果习性与红皮红肉类型的火龙果相似。果实椭圆形，果小，平均单果重100克左右；果皮暗红色、有光泽，鳞片退化成刺；果肉红色，中心可溶性固形物12%左右，品质一般。在夏季，黑龙从现花蕾至花开放需要16～18天，花谢30～35天果实成熟。黑龙需要授粉，果小，口感淡。

第三篇　火龙果育苗技术

火龙果的产量多少、果实品质的好坏和选苗、育苗密不可分，火龙果的育苗方法有三种：即扦插育苗、嫁接育苗和组培育苗。火龙果育苗时要求苗床宜选择通风向阳、土壤肥沃、排灌水方便的田块，整细作畦，苗床用洗净的细河沙和腐熟土做成，大小视地形而定。一般长15米、宽2米，这样便于操作。注意，苗床四周要砌砖密封，防止雨天养分流失。

一、扦插育苗

扦插育苗是火龙果繁殖育苗最常用的方法，在每年5～10月份均可进行。

（一）扦插基质选择

火龙果为肉质茎，扦插过程中基质选择不当易造成插条腐烂。研究表明，将沙、土、有机肥、蔗渣以

3 : 5 : 1 : 1 的比例混合，能为插条提供所需养分，并保证合适的含水量，插条成活率较高，根系较发达，枝梢生长快。

（二）插条长度

不同的插条长度将会影响插条生根率、插条根重、插条腐烂率、苗木枝蔓的抽生及苗木的质量。研究表明，插条长度在 10 ~ 30 厘米之间。插条越长，插条贮藏养分越多，扦插后生根快、根量大、吸收肥水能力强，幼苗生长健壮，质量好。为提高火龙果扦插育苗的成苗率和苗木质量，建议插条长度选 20 ~ 30 厘米为宜。

（三）基部处理

插条基部的晾干情况及基部不同切割方式会影响插条的生根成活。

1. 基部晾干

研究表明，插条基部不晾干，插条易腐烂，腐烂率可达 45%，插条生根率也较低；晾干 5 天腐烂率较低，为 20% 左右，且具有较高的生根率，可达 80% 左右。

2. 基部切割

基部削成楔形并露出木质部 1 厘米，有利于木质部形成愈伤组织再形成根，提高发根速度，其插条生根率可达 87% 左右，而

基部平切插条生根率仅为 73% 左右。

3. 生长调节剂

适当使用生长调节剂可提高插条生根率。研究表明，用 600 毫克 / 升生长调节剂 "吲哚丁酸" 处理插条，生根率可达 95%。

4. 消毒处理

插条基部削成楔形，放入 50% 多菌灵可湿性粉剂 500 倍液中浸泡 10 分钟，取出后放在阴凉处晾干 5 天后进行扦插。可减少根部腐烂病的发生，促进生根。

（四）扦插后管理

扦插后，应保持基质表面处于湿润偏干的状态，不需要浇水，避免基质的湿度太大，10 天以后再浇水。

1. 撒农药

扦插后基质表面撒药，可用毒死蜱或辛硫磷预防蚂蚁咬食插条，扦插后大约 15～30 天，扦插条就会生根，待长到 3～4 厘米时就可以移植到苗床继续培育。

2. 苗床选择

选择土壤肥沃、排水良好、通风向阳的地块。整地之后要起畦栽植，畦宽 90 厘米，施足基肥，每亩要施用腐熟农家肥 1500～2000 千克，还要加入谷壳

灰 1000 千克，还要加施钙镁磷肥 100 ~ 150 千克，施入
4 ~ 5 厘米深的表土层中将火龙果小苗栽植在苗床，随后
浇透水，喷施 50% 多菌灵可湿性粉剂 800 倍液， 10 ~ 15
天后还要追施 1~3 次复合肥，每亩 5 ~ 7 千克。待第一节
茎段长出，就可以出圃移栽定植了。

掌握好火龙果扦插技术，可促进火龙果果苗长势茂
盛，也能有效预防病虫害的发生。

二、嫁接育苗

嫁接育苗一般应选择在每年 5 ~ 9 月份的晴天进行嫁
接，嫁接育苗的目的主要是为了改良火龙果的品种。

1. 砧木和接穗的选择

黄肉类型的火龙果砧木可选择野生三角柱（霸王花）
等，红肉类型的火龙果可选择白肉类型的火龙果作砧木。
选择 1 ~ 2 年生的三角柱，自茎节处从母体上截下，扦插

在沙质较重的疏松土壤中（深度为插牢为宜），上搭荫棚，浇透水即可做砧木，约半月插活后就可进行嫁接。

接穗以当年生发育较好的枝条为宜。

2. 嫁接时间

一般除冬季低温期外，其他季节均可嫁接。因为冬季阴冷潮湿时间长，嫁接时伤口不仅难以愈合，而且会扩大危及植株产生腐烂病。因此，嫁接时间最好选在 3 ~ 10 月，这样有充分的愈合和生长期，并且利于来年的挂果。

3. 嫁接前的药物处理

嫁接所用的小刀等都应用酒精或白酒消毒，以防病菌感染。有条件的可用萘乙酸钠溶液浸蘸接穗基部，这样既能促进愈伤组织的形成，又能达到提高成活率的目的。

4. 嫁接方法

（1）平接法：用利刀在霸王花的三棱柱适当高度横切一刀，然后将三个棱峰作 30°～40° 切削，用消过毒的仙人刺刺入砧木中间维管束，将切平的接穗连接在刺的另一端，用刺将接穗和砧木连接起来，砧木和接穗尽量贴紧不留空隙，避免细菌感染不利愈合，然后在两旁各加一刺固定，再用细线绕基部捆紧。

（2）楔接法：在砧木顶部用消过毒的小刀纵切一裂缝，但不宜过深，然后将接穗下部用消毒过的刀片削成鸭嘴状，削后立即插入砧木裂缝中，用塑料胶纸加以固定，再套塑料袋以保持空气湿度，利于成活。20 天后观察嫁接生长情况，若能保持清新鲜绿，即成活。1 个月后可出圃。

三、组织培养繁殖

组织培养繁殖是将火龙果嫩茎用少许肥皂水冲洗干净后，在无菌环境下切成 3～4 厘米小段，用酒精消毒 30 秒，再用 0.1% 升汞溶液消毒 10 分钟，在将表面水分吸干。再在无菌条件下将含有刺座的茎节切成 2 厘米 ×2 厘米的大小，接种于诱芽培养基上，待长出小芽后即可培育大量组织苗。组培育苗工序繁杂，生根不佳且生长速度慢，因此在生产上应用得很少。

第四篇 定植建园

一、园地选择与规划

园地应选择在无污染源，远离工矿厂区和公路主干线，空气、水分、土壤符合无公害农产品基地要求，生态环境良好的地区。由于火龙果耐热不耐寒，宜在年均温度为 22 ~ 25℃、最低温度不低于 5℃、光照充足、坡度不大于 20° 的平缓地带建园，土壤为 pH 值在 5.5 ~ 7.5 之间、透气性良好、有机质丰富的沙质壤土。如利用水田种植，四周应规划排水沟。

根据当地的自然条件和生产条件，因地制宜地进行道

路系统、栽植小区、排灌系统、水土保持工程等规划。一般生产用地占土地总面积 80% ~ 85%，水源林、防护林、防护用地占 5% ~ 10%，道路用地占 4%，其他用地占 4% 左右；建环园沟，沟深 50 ~ 80 厘米、宽 100 厘米，行间排水沟深 30 ~ 40 厘米，以确保排水畅通。

火龙果有红皮白肉型、红皮红肉型等品种，由于部分红肉型火龙果有自花不亲和的生理特性，因此在种植红皮红肉型品种时，应配置授粉品种以确保其产量，授粉品种与主栽品种的比例为1：8。

二、定植

（一）钢筋水泥柱独立式支架

由于火龙果为攀缘性肉质植物，种植时需建四方水泥支柱辅助，钢筋水泥柱的长为2.5米的方形，粗细为10厘米×10厘米，埋入土中0.4～0.5米，地上1.6米，为架棚另加高0.5米，在距地面1.8米处对开两孔。顶端有6～7厘米钢筋突出，以便焊接一个以柱为中心，直径约0.7米的钢筋十字圆盘。水泥柱植入土中50厘米，周围用石头和水泥浆固定，水泥柱地上高为150厘米。在水泥柱离上端5厘米处预留两个对穿孔，用径粗1.2～1.5厘米，长60厘米左右的钢筋穿过后形成十字形，上置一个废弃轮胎并固定住。柱距为3米（行距）×1.5米（株距），约150条柱/亩，以钢丝固定。定植时火龙果苗离柱10厘米左右，每柱周围种植4株，每亩种植600株，每行在15米高的地方用横档连成一体。

柱的四边各植 1 株苗，靠气生根及人工捆缚，茎沿柱上攀至顶，再伸长则搭在铁圈上往四周散布下垂，只有下垂枝才易现蕾开花。可在铁圈上加放旧轮胎外胎，以免搭着部位温度过高或易折断。水泥柱强度好，独立式通风透光也好，但一定要埋得实在，下垂茎蔓向四周分布均匀（人工辅助），以免倾侧。每柱有 40 条以上的结果枝即可。一般每个结果枝有数个花蕾，需要人工摘去多余的花蕾。

（二）挖坑施肥

火龙果种植密度为穴行距 2.5 米 ×2.5 米，穴植 2 株，环绕攀缘柱挖长、宽、深为 1 米 ×0.3 米 ×0.3 米的坑。坑内施猪粪或鸡粪 25 千克、钙镁磷肥 1 千克、复合肥 0.5千克，与土拌匀施下，辅之微生物复合肥效果更佳。

（三）定位及浇水

在柱基旁整 5 ~ 10 厘米深的果盘，植入种苗后覆盖表土且稍压紧种苗，切不要将种苗颠倒栽种。种下后浇定

植水，以后每隔 2 ~ 3 天浇水一次，维持 20 ~ 30 天。种植火龙果时，要间种 10% 左右的白肉类型的火龙果。品种之间相互授粉，可以明显提高结实率。遇阴雨天气时要进行人工授粉，于傍晚开花或清晨花尚未闭合前，用毛笔直接将花粉涂到雌花柱头上，可提高坐果率。

（四）定植时间

在云南，火龙果春夏秋都可以栽种，14 个月后就可以长出花蕾，开花结果。

三、幼苗的管理

（一）水分管理

由于火龙果耐旱怕浸，幼苗生长迅速，温湿度很重要，温度要在 20 ~ 34℃之间，湿度要在 60% ~ 80% 之间。定植初期每隔 2 ~ 3 天浇水一次，保持土壤湿润和良好的透气性，促进新根的生长发育，雨季应及时排水。

（二）施肥

种植火龙果一般第二年就能开花结果。为了保证定植的火龙果快速生长，必须加强施肥管理，保证养分充足供应。幼苗种植成活后，每 15 ~ 20 天根部施一次肥，以磷酸二铵为主，适当补充尿

素、有机肥、生物菌肥和钾肥，一般每次每株施磷酸二铵25～50克、生物有机肥50～75克、过磷酸钙或钙镁磷肥25～50克、硫酸钾15～20克，将肥料充分搅拌混合均匀后，均匀撒施在火龙果幼苗根部周围的土壤中，再培上一层厚约8～10厘米的泥土，将肥料覆盖住即可。也可以每株施氮磷钾水溶肥25～30克、氨基酸活性液肥30～50克、复合生物菌肥50～75克、磷酸二氢钾25～30克，兑水稀释后，均匀淋施在火龙果幼苗根部周围的土壤中，以水分完全渗透入泥土中不外流为宜。另外，在根部施肥的同时，还要进行根外追肥，从叶面补充各种营养元素。一般每7～10天叶面喷洒一次叶面肥（可选择尿素、芸苔素、黄腐酸或氨基酸等其中的1～2种），均匀喷湿所有的叶片，以开始有水珠往下滴为宜。

（三）修剪

6个月后，小苗长成中苗，中苗高1.3～1.4米时开始分枝，每株4～6个分枝条，枝条长到1.2～1.3米时

封顶，封顶后的枝条很快丰满起来，长出花蕾，此时已有 14 个月了，就开始开花结果。第一年结果不会很多，因此不用剪枝，冬季要控制温度，枝条上不能留新芽，以免影响来年产量。第二年秋后开始剪枝，剪去结果后的老枝，留下新枝，此时遇高温，新枝快速生长，来年增产增收，果树已到盛果期。

（四）摘心

当幼苗枝条长到 1.3 ～ 1.4 米时摘心，以促进分枝，并让枝条自然下垂，以积累养分，提早开花结果。有利于早果丰产。每株留枝不超过 10 根，每根枝条留 1 个果。结果 3 年的老枝剪除，让其重新长新芽。

第五篇　水肥管理

火龙果花期持续时间长，营养消耗较大，因此对肥料的需求量较大，特别是进入盛产期，更应该加强对肥水的管理。火龙果在一年和一生的生长发育中需要几十种营养元素，每种元素都有各自的作用，对火龙果同等重要，不能相互代替，缺一不可。因此，必须实现全营养施肥。

一、施肥技术

（一）需肥规律

火龙果开花结果持续时间长，养分消耗较大，整个生育期对氮、磷、钾、镁、硼的需求比例约为 $100 : 70 : 150 : 8 : 3$。火龙果属于喜钾作物，需钾量大。火龙果根系为水平生长的浅根系植物，无主根，侧根分布于土壤浅表层，因此施肥应遵循"勤施薄施"的原则，忌开沟深施，避免伤根。施肥应以有机肥为主，氮、磷、钾复合肥配合施用。1 ~ 2 年生的火龙果树，要以氮肥为主，可主施磷酸二铵，适当补充尿素。然后 3 年以上的则要适当控制氮肥的施用，增加磷钾肥的比例。开花结果期间要增补中微量元素肥料，如硼、锌、钙等，以提高果实产量和品质。

因为火龙果是多年生植物，一旦定植即在同一地方生长几年至十多年，必然引起土壤中各种营养元素的不平衡，因此要通过施肥来调节营养的平衡关系。

火龙果对肥料的利用遵循"最低养分律"，即在全部营养元素中当某一种元素的含量低于标准值时，这一元素即成为火龙果发育的限制因子，其他元素再多也难以发挥作用，甚至产生毒害，只有补充这种缺乏的元素，才能达到施肥的效果。

（二）施肥时期与种类

1. 基肥

基肥是较长时期供给火龙果植株多种营养的基础肥料，其作用不但要从火龙果的萌芽期到成熟期能够均匀长效的供给营养，还要利于土壤理化性状的改善。基肥的组成以有机肥、土壤调理剂奥农乐为主，再配合氮、磷、钾肥和微量元素肥。基肥施用量应当占当年施肥总量的70%以上。

基肥使用时期以早秋为好，一是温度高、湿度大，微生物活动强，有利于基肥的腐熟分解。从有机肥开始使用到成为可吸收状态需要一定的时间，因此基肥应在温度尚高的秋季进行，这样才能保证其完全分解并为翌年春季所用。二是秋施基肥时正值根系生长的第三次高峰，有利于伤根愈合和发新根。

2. 追肥

追肥一般使用速效性化肥，施肥时期、数量和种类掌握不好，会给当年果树的生长、产量及品质带来严重的影响。

（1）促花肥：于4月上中旬施入，每柱施腐熟有机肥5～10千克或商品有机肥2～3千克，硫酸钾高磷复合肥1～1.5千克，目的是促进花蕾的发育，提高开花质量。

（2）壮花、壮果肥：于6月上中旬施，每柱施腐熟饼肥0.5～1千克，硫酸钾复合肥0.5千克，目的是壮花、促进果实增大，提高品质。

（3）重施促花壮果肥：于8月上中旬施，重点供应中秋果实需求。每柱施腐熟饼肥1～1.5千克，15–15–15硫酸钾复合肥0.8～1千克，目的是促进来年多开花，促进果实膨大，提高品质。

（4）壮果、恢复树势肥：于10月上中旬施，每柱施17–17–17硫酸钾复合肥0.5～1千克，腐熟有机肥3～4千克，目的是促进最后一批果实膨大，恢复树势，促进枝蔓生长。

3. 根外追肥

这种施肥方法的优点是吸收快，见效明显，节省肥料，且不受养分分配中心的影响，可及时满足火龙果急需的营养，并可避免一些元素在土壤中化学或生物的固定作用。根外追肥特别能补充微量元素肥料，但根外追肥只能是土壤施肥的有益补充而不能代替土壤施肥。火龙果树的茎叶呈三角柱形，喷施叶面肥的时候要围绕此部位进行，要保证喷洒全面且均匀。叶面肥以微肥为主，补充氨基酸和芸苔素。根据生长阶段调整好肥料中的营养比例。结果前期以硼、镁等为主，后期以钙、铁为主，这样可有效地提高火龙果的抗逆性，改良果实品质。建议下午5～6点以后火龙果植株气孔开放时喷施，利于养分吸收。

（三）施肥方式

1. 环状施肥

又叫轮状施肥。是在树冠外围稍远处挖环状沟施肥。此法具有操作简便、经济用肥等优点。但挖沟易切断水平根，且施肥范围较小，一般多用于幼树施肥。

2. 半环状施肥

这种施肥方法与环状施肥类同，而将环状沟中断为3～4个猪槽式施肥沟，所以，又叫猪槽式施肥。此法较环状施肥伤根较少，隔次更换施肥位置，可扩大施肥部位。平地、坡地均可适用，是丘陵山地果园施肥常用的方法。斜坡地施肥沟应挖在树的上方和两侧。

3. 放射状施肥

树冠下面距主干1米左右开始，以主干为中心，向外呈放射状挖 4 ~ 6 条沟。沟一般深 30 厘米，将肥料施入。这种方法一般较环状施肥伤根较少，但挖沟时也要避开大根。可以隔年或隔次更换放射沟位置，扩大施肥面，促进根系吸收。

4. 全园施肥

成年果树或密植果园，根系已布满全园时多采用此法。将肥料均匀地撒入园内，再翻耕入土中深约 20 厘米。优点是全园施肥面积大，根系可均匀地吸收养料。但因施得浅，常导致根系上翻，降低根系抗逆性。此法若与放射沟施肥隔年更换，可互补不足，发挥肥料的最大效用。

5. 灌溉式施肥

即施肥与灌水结合。近年来随着滴灌技术在我国的逐步推广，该法也逐步应用。无论是与喷灌方式还是滴灌方式相结合的灌溉式施肥，由于供肥及时，肥料分布均匀，既不断伤根系，又保护耕作层土壤结构，节省劳力，肥料利用率又高。可提高产量和品质，又降低成本，提高经济效益。

以上种种施肥方式各有其特点，应结合实际情况轮换采用，互补不足，以发挥施肥最大效果，避免单一方法。火龙果是一种特殊的新兴果树，其根系与其他果树不同，它没有主根，根系很浅，基本都分布在土壤浅表，而且具有强大的气生根。因此，在施肥时应特别注意不要伤及根系。

（四）生草栽培

火龙果生草栽培即在火龙果田间或全园种植对火龙果有益的特定品种的草（火龙果园专用草种或优质牧草品种）或豆科作物，是火龙果园保持水土、增加土壤有机质和肥力、改善火龙果生长环境的有效措施，也是果园耕作制度的改革，可以提高果园生产的经济效益、生态效益和社会效益。

二、灌溉排水技术

（一）灌水

水是植物生长的命脉，是一切器官活动必不可少的组成成分。在火龙果的生命活动中，水起着维持细胞膨压、保证气孔张开和二氧化碳进入的作用。体内的一切化学变化都要在有水的条件下才能进行。土壤中的养分只有溶于水的条件下方能被吸收利用。更重要的是水是光合作用的必要原料，是形成产量的基础。另外，只有在有水的条件下才能维持火龙果蒸腾，调节树体温度，保证光合产物及矿质营养的运输。所以在火龙果栽培中，适时浇水是保证早产、丰产、优质的重要措施。

1. 灌溉时期

灌溉应在火龙果未受缺水影响之前，绝不能在火龙果已有旱情（如萎蔫、果实皱缩）时再浇水。判断是否需要浇水主要看土壤湿度。一般以土壤最大持水量的60%~80%最适合果树的生长发育，火龙果长期生长在沙漠地区，对缺水的忍耐力较强。在国外，一般用测量仪器测定土壤湿度来指导灌溉。确定灌溉时期除根据土壤湿度外，还要考虑气候条件和火龙果本身的生长发育阶段。在生产上多在下列时期浇水。

（1）发芽前后至开花期，此时土壤中如有足够的水分，可以加强火龙果新梢的生长，加大叶片面积，增强光合作用，并使开花坐果正常，为当年丰产打下基础。春旱地区，此次灌水尤为重要。

（2）新梢生长和幼果膨大期，此期常称为火龙果的需水临界期。这时果树的生理机能最旺，如水分不足，叶片夺去幼果的水分，会使幼果皱缩而脱落。

（3）果实迅速膨大期，此次浇水可满足果实膨大对水肥的要求。但此次浇水要掌握好浇水量。

（4）采果前后及休眠期，在秋冬干旱地区，此时灌水，可使土壤中贮备足够的水分，有助于肥料的分解，从而促进火龙果翌春的生长发育。火龙果秋冬最后一批果采收后，进入休眠期，此时如有适当的灌水，可促进植株的生长，促使枝条尽快成为结果枝。

2. 灌水方法及灌水量

（1）漫灌：在水源丰富、地势平坦的地区，常实行全园灌水。但本方法对土壤结构有一定的破坏，费工费时，又不经济，现已逐步减少使用。

（2）畦灌：以火龙果植株为单位修好树盘，或顺树行做成长畦，灌水时引水入树盘或畦。这种方法节约用水，好管理，广为采用。但同样会对树畦土壤结构产生破坏，造成吸收根死亡。

（3）穴灌：当水源缺乏时，可在火龙果树冠滴水线外缘开 8 ～ 12 个直径为 30 厘米左右的穴，穴的深度以不伤根为宜，将水注入穴中，水渗后填平。

（4）沟灌：在 2 行火龙果之间每隔一定距离开灌水沟，沟深 20 ～ 30 厘米，宽 50 厘米左右。一般每行开 2 条，矮化密植园开一条也可，把水引进沟中，逐步渗入土壤。此方法既节约用水，又不会破坏土壤结构，应提倡。

（5）滴灌：滴灌是近年来发展起来的机械化与自动化的先进灌溉技术，是以水滴或细小水流缓慢地施入火龙果根域的灌水方法，现逐步被生产上采用。滴灌有许多优点：如滴灌仅湿润火龙果根部附近的土层和表土，大大减少水分蒸发；此系统可以全部自动化，将劳力减至最低限度；而且能经常地对根域土壤供水，均匀地维持土壤湿润，使土壤不过分潮湿或过分干燥，同时可保持根域土壤通气良好。如滴灌结合施肥，则更能不断供给根系养分，最有利于果树的生长发育，起到一举两得的作用。据国外资料报道，滴灌可使火龙果增产 20% ～ 50%。但滴灌系统需要管材较多，投资较大，需具有一定压力的水塔和滤水系统，和把水引入果园的主管道和支管道，以及围绕树株的毛管和滴头。并且管道和滴头容易堵塞，严格要求有良好的过滤设备。

不管采用哪种灌溉方法，一次灌水量都不能太多或太少，以湿透主要根系分布层的土壤为适宜。具体确定灌水量还要考虑土质、火龙果生长发育期、施肥情况及气象状况等，理论灌水量计算，以土壤湿度来确定最为常用。一般认为最低灌水量是土壤湿度为土壤最大持水量的60%，理想水量则为最大持水量的80%。另外根据果农和技术人员长期积累的经验，在灌水时认为灌透了，实际就是最适宜的灌水量。

（二）排水

火龙果根部最怕缺氧，忌积水，土壤水分过多，透气性能减弱，有碍根的呼吸，严重时会使活跃部分窒息而死，引起落果，降低果实风味，甚至引起火龙果根系腐烂，植株死亡。因此，除做好保水和适时灌溉外，同时还应做好防洪防涝等排水工作，建好排水沟、排洪道等，多雨季节要做好防洪排水准备。果园内排水沟的数量和大小，应根据当地降雨量的多少和土壤保水力的强弱及地下水位的高低而定。一般情况下，火龙果果园排水沟深约1米。

第六篇　整形修剪

由于火龙果植株生长迅速，萌芽分枝能力强，生殖生长期长，营养生长和生殖生长矛盾突出。火龙果定植后，整形修剪不是一蹴而就的阶段性工作，而是每年都必须根据植株生长结果情况，合理调整枝条分布和营养枝、挂果枝更替的一项日常管理措施，为取得火龙果优质丰产稳产奠定基础。

一、整形修剪的意义

火龙果整形和修剪两者密切联系，互为依靠，是栽培管理的关键技术措施之一，有利于提高产量和品质。整形就是根据火龙果生长发育特性，以一定的技术措施（如修剪）构建枝条生长的立体空间结构和形态。修剪就是指对火龙果的茎、枝、芽、花、果进行部分疏删和剪截的操作。整形是通过修剪技术来完成的，修剪又是在整形的基础上进行的。火龙果幼年期以整形为主，经过 1 年左右的生长，树冠骨架基本形成后，进入结果期，则以修剪为主，但任何时期修剪都须有系统的整形观念。

（一）增强通风透光性

火龙果属喜阳性较强的植物，强光照有利于开花结果，外层枝条易挂果。但是火龙果长势旺盛，萌枝能力强，极易构建强大的层状树冠，并快速外移，枝条相互遮掩严重，内膛枝条光照不足，不利于营养生长和生殖生长。通过整形修剪可以合理留存枝条，控制冠形，改善光照条件，增加枝条光合作用叶面积系数，促进形成粗壮的结果母枝，为丰产结果打下良好的基础。

（二）实现营养枝和结果枝互换

火龙果枝条上的刺座是混合芽，可以萌发出枝芽和花芽，在生产上为了提高单果重量和品质，保证果实发育的足够营养供给，人为将枝条分为结果枝和营养枝两类。选择粗壮、饱满、下垂度好、长度适宜的枝条作为结果枝，占枝条总数的2/3；其余作为营养枝，占枝条总数的1/3；当年新萌发的预留枝条可以培养为营养枝，来年也可作为结果枝使用。根据生产需要和枝条生长状态，当结果枝上所有萌发的花芽疏除后就转化为营养枝，营养枝预留花芽后即转化为结果枝，两者相互替换，提高了结果性能，有利于稳定产量和提高品质。

（三）协调好营养生长和生殖生长的矛盾

火龙果的产量受挂果期长短、挂果数量、果实大小影响。由于火龙果单果发育期短，而全树生殖生长期长，一个植株甚至一条挂果枝上，大果小果、红果绿果、大花小花、花蕾花芽往往共存，营养竞争矛盾突出。因此，通过修剪、疏花和疏果等操作，平衡营养生长和生殖生长的矛盾，合理调节果期产量，并形成足够的营养面积，保持中庸健壮树势是获得高产优质的关键。一般盛产期每株要保持18个以上的枝条，结果枝达12个以上，以满足均衡正常的挂果需要。

（四）减轻病虫危害

一方面经过修剪的火龙果，树势生长强健，增强了机体抗御自然灾害的能力，减少了病虫的侵染；另一方面，修剪本身就是疏去病枝、弱枝及残枝，是除病灭虫的基本措施之一。

二、整形修剪的方法

（一）幼树的整形修剪

整形的目的：确保尽快上架，形成有效树冠体系。主要措施：保留一个强壮向上生长的枝条，利于集中营养、快速上架，当主茎生长达到预定高度后，打顶促进分枝，形成树冠立体空间结构。

火龙果定植后 15 ~ 20 天可发芽，平均每天长 2 厘米以上，在生长过程中刺座会生出许多芽苞，前期只留一个主干沿立柱攀缘向上生长，其余侧枝全部剪除，待主茎长至所需高度（1.5 ~ 1.8 米），并超出支撑圆盘或横杆 30 厘米时摘心，促其顶部滋生侧枝，一般每枝留芽 3 条左右，并引导枝条通过圆盘或横杆自然下垂生长，当新芽长至 1.5 米左右时再断顶，促发二级分枝。上部的分枝可采用拉、绑等办法，逐步引导其下垂，促使早日形成树冠，立体分布于空间。用 2 ~ 3 年时间逐步增加分枝数，最后每株保留枝条 15 ~ 20 条（每个立柱的冠层枝数在 50 ~ 60 条），当枝条数量达到合理设计要求之后，随着侧枝的生长，对于侧枝上过密的枝杈要及时剪掉，以免消耗过多养分。

（二）营养生长期的修剪

火龙果营养生长有 2 个高峰期，主要表现为刺座萌发大量侧芽和茎节增粗。一是在春夏（4 ~ 5 月份）开花结果之前萌发的春枝；二是秋冬季（10 ~ 11 月份）开花结果停止后萌发的秋枝。修剪的目的是保持预留枝条总数的动态平衡，适时更新结果枝和营养枝，促进结果枝生长。

春枝萌发后，随着光温条件的适宜，便进入结果期，所以修剪春枝可以减少养分的消耗，一般情况下如果老枝条预留数量大，结果枝与营养枝配置合理，所有萌芽都应及早疏去，促进枝条尽早进入开花结果期。如果还要配置预备结果枝，可以从老枝条圆盘基部预留侧枝进行培养，其余全部疏去，当新枝条长到1.5米左右时及时摘心，每条老枝条最好只保留1个侧枝，侧枝总数量以不超过老枝条的1/3为宜，这些枝条可以培养成为夏季开花结果的营养枝，翌年春季可作为结果枝。对于病老枝条的更新可配合春枝修剪进行。

秋冬季有大量的秋枝长出，一方面要将多余侧芽疏掉，适当在基部留芽培养侧枝，总数以不超过老枝条的1/3为宜，以免徒耗营养，新侧枝长至1.5米左右时及时摘顶，促其进行营养积累，这样可以作为翌年春季的营养枝，夏季可替换为结果枝。另一方面已经挂果较多的当年枝，翌年再次大量、集中开花的可能性较小，在秋冬季结果结束后，应将全部曾经结过果的老枝条剪除，在其基部重新培育大而强壮的秋枝，并随着侧枝的生长和下垂，将其均匀地分布在支撑架的圆盘或横杆上，构建新的结果枝组，以保证翌年的产量。

（三）开花结果期的修剪

在生产上如果是柱式栽培，一般每根水泥立柱可预留50～60条下垂枝构成结果枝组，并安排2/3的枝条作为挂果枝，1/3 的枝条作为营养枝。每年的 5 ~ 11 月份进入生殖生长期，不间断地分批次开花结果，同时也会从刺座萌发生长出新枝条，消耗养分，营养生长和生殖生长矛盾最为突出，为此必须把挂果枝和营养枝上新萌发的侧芽全部疏去，减少养分的消耗和促进日光照射，从而保证果实发育的营养需求。同时还要疏去营养枝上所有的花蕾，缩小枝条生长角度，促进营养生长，培养其为强壮的预备结果枝。

（四）疏花疏果

火龙果花期长，开花能力强，5 ~ 11 月均会开花，花果盛期，同一枝条可高达 30 个花苞，需在出现花苞 8 天内疏去多余花苞，每枝平均每个花季只保留花蕾 3 ~ 5 朵。授粉受精正常后，可用环刻法剪除已凋谢的花朵（保留柱头及子房以下的萼片）。当幼果横径达 2 厘米左右时开始疏果，原则上每条挂果枝留 1 ~ 3 个发育饱满、颜色鲜绿、无损伤和畸形、又有一定生长空间的幼果（2 个以上的果靠得太近只保留 1 个），以集中养分，促进果实生长，多余的果、畸形果或病果应及时疏除。

（五）果实套袋

经选留果实要进行套袋，实践证明，用牛皮纸套袋效果很好，其果实均匀成熟、商品性一致，果实套袋后可防止虫、蜂叮咬，达到无公害食用安全标准要求。

三、修剪注意事项

（一）位置的确立

枝条的长度、数量和下垂角度是取得高产的基础，整形修剪就是要构建枝条生长的良好空间结构体系，包括主干的确立、营养枝和结果枝的长度以及枝条的下垂分布等。据观察，结果枝条长度一般大于 1.5 米，中上部的枝条、枝条顶端和下垂枝最容易结果，而中下部的枝很少开花，上部枝条生长势通常大于中下部枝条，这可能是顶端优势的作用。因此无论是摘心还是培养新枝条，都要掌握好合适的位置和长度，要引导枝条下垂，不可盲目进行操作。

（二）把握好枝条生长的有序性

营养生长是生殖生长的基础，主要表现为茎节增粗、分枝数量的增加及延长生长，营养枝数量和质量不仅关系

产量和品质，而且关系到结果枝的替换和产量稳定。因此不能一味地追求结果数量而忽视营养枝的配备，让所有枝条都开花结果，这种枝条培养的无序性对定量栽培管理技术的应用是不利的。

（三）注意修剪质量

无论是修剪枝条还是疏芽都应在晴天太阳照射下进行，伤口易愈合，避免病菌侵入。修剪刀要锋利，操作要利索，避免损伤枝条。修剪时所有用具应用酒精消毒。修剪、疏芽、疏花和疏果要及时，防止过分消耗营养。

第七篇　病虫害防治

火龙果外皮有一层蜡质，病害不多，主要有茎腐病、根腐病、软腐病、炭疽病、疮痂病等。

一、病害

（一）溃疡病

1. 为害症状

发病初期茎上出现圆形凹陷褪绿病斑，病斑逐渐变成橘黄色，严重时整条肉质茎上密密麻麻布满了病斑，枝条腐烂。高温干旱时受侵染部位呈灰白色突起，形成溃疡斑，其上产生黑色分生孢子器，病斑直径可扩展到 0.5 厘米，导致肉质茎软腐，果实受侵染。如遇雨水较大时，病害蔓延迅速，果顶盖口附近变褐变黑，病斑上布满黑褐色颗粒状物；若天气干旱少雨，随着果实成熟黄色病斑突起，呈灰白色，形成溃疡斑。

2. 发病规律

火龙果溃疡病在高温高湿条件下容易发生，尤其台风过后更容易大面积暴发。云南在引种初期，火龙果溃疡病很少发生，2008年以后该病逐渐加重，目前是云南火龙果果园的一种常见病害，也是制约

火龙果产业发展的重要因素。温度、土壤酸碱度对病原菌菌丝生长、产孢和孢子萌发的影响差异显著,菌丝生长、产孢、孢子萌发的最佳温度均为 30℃,菌丝生长最佳 pH 为 8,孢子繁殖和孢子萌发最佳 pH 为 7。

3. 防治方法

(1)在夏季遇连日雨天或台风雨天气时,利用晴天及时叶面喷洒一次 1.8% 辛菌胺醋酸盐水剂 800 倍液,或 50% 氯溴异氰脲酸可湿性粉剂 800 倍液,或 33.5% 喹啉铜悬浮剂 1500 倍液进行预防。

(2)平时注意检查火龙果的茎和果实,发现茎和果实上有疙瘩状物出现时,就要连续喷洒 2 ~ 3 次 10% 世高(苯醚甲环唑)水分散粒剂 1500 倍液,或 50% 施保功(咪鲜胺锰盐)可湿性粉剂 1500 倍液,或 30% 噻森铜悬浮剂 600 倍液,或 6% 春雷霉素可湿性粉剂 800 倍液,或 20% 噻菌铜悬浮剂 600 倍液,或 46% 氢氧化铜水分散粒剂 1000 倍液进行防治,每 7 ~ 10 天喷洒 1 次,均匀喷洒所有的茎和果实,以开始有水珠往下滴为宜,以保护茎和果实。

(3)如已患上溃疡病,可用 45% 晶体石硫合剂 500

倍液进行喷施，一般每隔10~15天喷1次，共2次。此外，应尽量采用生物防治和农事操作上的处理，减少农药的使用量，用药要有针对性，多种药剂轮换使用，防止病原产生抗药性。

（二）软腐病

1. 为害症状

病斑初期呈浸润状半透明，后期病部组织出现软腐状。潮湿情况下，病部流出黄色菌脓，发出腥臭，并且蔓延至整个茎节，最后只剩茎中心的木质部。此病多发生在植株中上部的嫩节，由伤口侵染引起，与虫咬和其他创伤有关；对植株的为害严重，常造成发病节腐烂甚至向下和向上蔓延至其他茎节。如果苗期管理不善，田间土壤湿度过大，会普遍发病。

2. 发病规律

火龙果软腐病全年均可发生，主要集中3~5月，此时地温回升，适宜火龙果根系和植株生长；同时，浇水施肥频率增加、农事操作频繁、病菌传播、害虫繁殖等构成了火龙果可能发生和传播软腐病的各种条件。

3. 防治方法

（1）水分管理。浇水应结合不同季节确定浇水次数、浇水量和间隔期，切忌浇水过勤和过多造成沤根、烂根。

（2）施肥管理。施化学肥料应遵循薄肥勤施的原则，不可一次贪多。同时，火龙果土壤要求有较多有机质，施用有机肥时应充分腐熟（最好施入商品生物有机肥），避免同根系直接接触。

（3）规范农事操作。尽量减少对火龙果根系的机械损伤。

（4）防治地下害虫蝼蛄、蛴螬、根结线虫等。

（5）药剂可选用：1.8% 辛菌胺醋酸盐水剂 800 倍液，2% 加收米（春雷霉素）水剂 1000 倍液，或 88% 水合霉素可湿性粉剂 1000 倍液 +"绿邦 98" 600 倍液，或 53.8% 可杀得 2000（氢氧化铜）干悬浮剂 1500 倍液，或 12% 绿乳铜（松脂酸铜）乳油 800 倍液。或 70% 甲基硫菌灵可湿性粉剂 800 倍液，交替每隔 10 天淋根 1 次，用于治疗及保护根系。根系恢复生长、吸收动力后，对根系再薄施稀粪水肥。

（三）炭疽病

1. 为害症状

该病发生于茎部表面，初期感染时，产生大量红色病斑，形成茎组织病变；中后期病斑逐渐扩大，直至相互连成一片，颜色开始变成白色或黄色，表皮组织松弛，病斑组织进一步发生变化，出现黑色斑点，在茎表皮

形成突起。果实前期不会被感染，待果实成熟并转色后，才会被病菌侵染。感染的果实呈现水浸状及凹陷畸形，病斑最后呈现出淡褐色，病斑不久后扩大，相互连接愈合成片。

　　2. 发病规律

　　（1）品种差异：抗病性大小很大程度上取决于种植的火龙果品种。由观察可知，种植台湾引进的白肉品种白玉龙抗病性差，发病率普遍较高，而种植泰国白肉品种白玉龙受到病菌侵染的概率较小。

　　（2）发病率：随茎节位置不同而不同，老茎节和嫩茎节发病相对较轻，中部茎节发病比较严重。因为中部茎节新陈代谢活动比上部幼嫩茎节弱，同时中部表皮的坚硬蜡质层还没有完全形成，病原菌侵入概率增大；老茎的表皮层已完全木栓化，并且其表面覆盖有厚厚的蜡质层，不利于病原菌侵染，减小了发病概率。在生长季节，中部茎节结果较多，大部分茎节为结果枝，感病后对火龙果产量影响较大，有时能减产三成以上。

（3）水肥施用及耕作制度：不同的果园管理制度、温度、湿度差异较大，其中灌溉方式对果园湿度影响较大，炭疽病的发生也有很大差别。喷灌的果园，炭疽病发生相对其他灌溉方式发病严重，主要原因是喷灌使果园的空气湿度明显增大，为病原菌的繁殖创造了良好条件，导致病原菌的大量繁殖。果园冬季清理措施可减少发病率，果园里的杂草、病果等长时间不清理，炭疽病为害比较严重。

（4）病菌数量：果园头年发病率高，没有对果园及时清理，第二年病原率高，发病率也较高。及时对果园发病枝条的病斑、病残体进行剪除并集中销毁，用除草剂清除园内杂草并及时带出果园或深埋，其发病率较低。

3. 防治方法

（1）保护无病区。严格控制无病区向有病区调种、引种，选育无病种苗。

（2）种植或选有抗病优质品种，是防治火龙果病害最经济有效的措施。

（3）清除病残枝体及田间杂草，保持田间卫生，从而减少田间病源。

（4）加强肥水管理，侧重避免漫灌和长期喷灌，漫灌造成根系长期缺氧状态而死亡，喷灌造成果园湿度增大，有利于病害的发生，最好采用滴灌技术，起垄栽培，施用腐熟有机肥增施钾肥，提高植株抗病性。

（5）药物防治，用50%施保功（咪鲜胺锰盐）可湿性粉剂1500～2000倍液，或10%世高（苯醚甲环唑）水分散粒剂1500倍液，或70%甲基托布津可湿性粉剂600倍液，或77%氢氧化铜可湿性粉剂1500倍液，或20%噻菌铜悬浮剂600倍液等喷雾治疗。

（6）避免漫灌和长期喷灌。杜绝漫灌和长期喷灌同时也是防止疮痂病和枯萎病的最有效途径，最好采用滴灌技术。

（7）起垄栽培。起垄栽培既可防止水淹，又可促进根系生长。

（四）疮痂病

1. 为害症状

火龙果枝条受侵染后出现水渍状褪绿斑点，病斑逐渐扩大呈砖红色凸起斑点。初期病斑有油浸亮光，后期病斑呈黄褐色或灰褐色木栓化。有的相互连接成不规则大斑块。为害果实，形成形状不一的病斑，略有凹陷，有裂痕。后期大部分果皮粗糙、灰褐色，病斑连成一片，降低其商品价值，甚至造成落果，

这也是造成花皮果的众多原因之一。

2. 发病规律

疮痂病是由细菌性病原侵染植株引起的。病菌以菌丝体在病部组织上越冬，春季温度回升，雨水增加，当气温上升到15℃以上时，病菌产生分生孢子，分生孢子通过风雨和昆虫传播。病菌发生的温度范围为5～35℃，发育最适宜温度为15～25℃。凡是春天暖和，雨季提早，高温高湿条件下，病害发生则早而重；反之则轻。主要在春冬季节多发。

3. 防治方法

（1）种苗检查：有些果园发病是由于苗自身带病引起的，所以选苗的时候要选无病害健壮的苗，从源头杜绝病菌进入园内侵染枝条。

（2）病枝修剪清除：冬天病菌在病枝中越冬，结合冬剪、春剪，剪除病枝，清理出园并烧毁（不要把修剪的枝条堆放到靠近水源处或上风口处）。

（3）连阴多雨天气注意田间通风、排水；多施有机肥，施足钾肥；发病初期及时施药防治。药剂可选用：2%加收米（春雷霉素）水剂1000倍液，或88%水合霉素可湿性粉剂1000倍液＋"绿邦98"600倍液，或53.8%可杀得2000（氢氧化铜）干悬浮剂1500

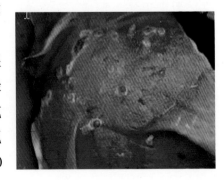

倍液，或 12% 绿乳铜（松酯酸铜）乳油 800 倍液，或 70% 甲基硫菌灵可湿性粉剂 800 倍液等交替使用。

（五）茎枯病

1. 为害症状

为害火龙果肉质茎，植株棱边上形成灰白色的不规则病斑，上生许多小黑点。病斑凹陷，并逐渐干枯，最终形成缺刻或孔洞，多发生于中下部茎节。

2. 发病规律

病菌随病茎在地表越冬，翌年 3 月温度达到 5℃时，病菌开始活动，15℃时散发孢子侵染火龙果肉质茎，其发病适温为 20 ~ 30℃。分生孢子器随雨水滴溅或空气传播进行再侵

染。其病害发生部位是火龙果的肉质茎。开始时出现乳白色小斑点，以后逐渐扩大成不规则形病斑，无明显边缘，稍凹陷，边缘黄色，中央灰白色，上面附着黑色小粒点。

火龙果茎枯病一般在 3 月下旬开始发病，此期病害才刚开始见，病株率尚低，病情发展缓慢。从 4 月上旬开始，病害开始加重。5 月中旬至 7 月中旬为发病盛期，此时正值火龙果开花期，由于气温升高，加上雨季来临，给病害发生创造了非常有利的条件，使病害在田间迅速蔓延造成病害大发生。11 月下旬以后进入越冬阶段。全年

发病高峰时间是6月底至7月初，田间病株率达20%以上，给火龙果生产造成严重影响。

茎枯病的流行与降雨、风向有密切关系。雨水飞溅的传染距离较近，是初期的侵染途径。空气传染是大面积发病的主要原因，田间的蔓延方向和发病速度常受风向的影响。

地势低洼、土质黏重的地区发病情况高于地势高的沙质壤土地区，另外，过量偏施氮肥也会促使发病严重。

不同品系的火龙果感病情况也不同，红肉品系易感病，而白肉品系和粉红色果肉品系不易感病。

3. 防治方法

（1）保护无病区。严格控制无病区向有病区调种、引种，选育无病种苗。

（2）种植或选有抗病优质品种，是防治火龙果病害最经济有效的措施。

（3）清除病残枝体及田间杂草。保持田间卫生，从而减少田间病源。

（4）加强肥水管理。侧重避

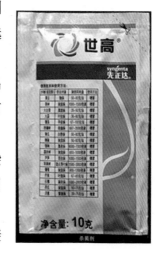

免漫灌和长期喷灌，漫灌造成根系长期缺氧状态而死亡，喷灌造成果园湿度增大，有利于病害的发生，最好采用滴灌技术，起垄栽培，施用腐熟有机肥增施钾肥，提高植株抗病性。

（5）化学防治。药剂可选用：38%恶霜嘧菌酯水剂 1000 倍液，或 30% 甲霜恶霉灵悬浮剂 800 倍液，或福美双可湿性粉剂 500 倍液，或 70% 甲基托布津可湿性粉剂 600 倍液，或 50% 施保功（咪鲜胺锰盐）可湿性粉剂 1500 倍液，或 10% 世高（苯醚甲环唑）水分散粒剂 1500 倍液等。

（六）枯萎病

1. 为害症状

火龙果发生枯萎病后，它的茎节会失水褪绿，萎蔫变黄，随后逐渐干枯，直至整株枯死；如果环境比较潮湿，病株上还会出现粉红色的霉层。发病首先是在植株中上部的分枝节上出现，起初是茎节顶部发病，在棱边出现灰白色的不规则病斑，之后逐渐向下扩展，形成凹陷病斑，并逐渐干枯，最后形成缺刻或孔洞。

2. 发病规律

由尖胞镰刀菌引起，病菌在病残体或者土壤中越冬，翌年春季气温回升后开始繁殖，再借雨水进行传播，从植株的伤口侵入，发生病害。早春和初夏多雨天气有利枯萎病的发生和传播，如果园间低洼积水，郁闭潮湿，害虫的数量较多等都有利于枯萎病的发生。

　　3. 防治方法

　　（1）在秋冬季采收后要及时清园，将病枝、病部及时清理掉，并带出田间烧毁或者深埋，从而减少病原菌的数量。

　　（2）实行合理轮作，也能减少该病的发生。

　　（3）另外要做好果园的灌溉和排水工作，施足基肥，适时追肥，尽量选择腐熟的有机肥或者农家肥，增施磷钾肥，提高植株的抗病力，加强植株调整，适时去顶，防止倒伏。

　　（4）在进行农事操作时，切勿伤根，以免为病菌入侵创造条件。

　　（5）在生长期发病要及时拔除病株、摘除病茎及老茎，带出田外深埋处理，在全园喷施药剂防治，或者在种植根茎部浇灌药剂，防治效果较好。药剂可选用：80%乙蒜素乳油1000～1500倍液，或2%加收米（春雷霉素）水剂1000倍液，或88%水合霉素可湿性粉剂1000倍液+"绿邦98" 600倍液，或53.8%可杀得2000（氢氧化铜）干悬浮剂1500倍液，或12%绿乳铜（松脂酸铜）乳油800倍液。或70%甲基硫菌灵可湿性粉剂800

倍液，交替每隔 10 天淋根 1 次，用于治疗及保护根系。根系恢复生长及吸收动力后，对根系再薄施稀粪水肥。

（七）煤烟病

1. 为害症状

该病害常发生在枝条和果实上。发病初期枝条的刺座产生小霉斑、暗褐色，随着病情发展黑霉布满枝条，似覆盖一层煤烟灰。果实受侵染时，首先在鳞片尖端出现煤状物，逐渐扩散覆盖整个果面，严重影响光合作用。后期霉层上散生许多黑色小点或刚毛状突起物。因不同病原种类引起的症状也有不同。煤炱属的煤层为黑色薄纸状，易撕下和自然脱落；刺盾属的煤层如锅底灰，用手擦拭即可脱落，多发生于叶面；小煤炱属的霉层则呈辐射状、黑色或暗褐色的小霉斑，分散在叶片正、背面和果实表面。霉斑可相连成大霉斑，菌丝产生吸孢，能紧附于寄主的表面，不易脱离。

2. 发病规律

病菌以菌丝体、子囊壳或分生孢子器在病部越冬，次年春天长出子囊孢子或分生孢子，随风雨、昆虫传播，散落在蚜虫、蚧壳虫或粉虱等害虫的分泌物上，以此为营养，进行繁殖，引起病害。蚧壳虫等害虫防治不利的火龙果园，煤烟病也严重。高温多湿、管理粗放、荫蔽潮湿、修剪不到位导致枝条间通风透光性差、局部小环境湿度大，以及蚜虫、介壳虫、粉虱等害虫多发时，易发该病。

3. 防治方法

（1）合理密植和施肥，适当修剪，改善果园通风透光条件，减轻病害发生。

（2）及时清除田间已发生的煤烟病，可在叶面上撒施石灰粉使霉层脱落。

（3）及时用吡虫啉、啶虫脒类药剂进行防治蚜虫、蚧壳虫、粉虱等害虫。

（4）已发现烟煤病的果园，可用 45% 咪鲜胺水乳剂 1500 倍液，或 50% 异菌脲可湿性粉剂 1000 倍液，或 50% 多菌灵可湿性粉剂 1000 倍液，或 80% 代森锰锌可湿性粉剂 800 倍，或 30% 嘧霉胺可湿性粉剂 1200 倍液，或 30% 丙环唑乳油 2000 ~ 3000 倍液等进行防治。到冬天修剪后，喷波美 3 ~ 5 度的石硫合剂，去除越冬病源。

（八）茎腐病

1. 为害症状

主要为害火龙果茎基部或地下主侧根，一般发生在新梢上，初发时病部为暗褐色，以后绕茎基部扩展一周，使皮层腐烂，病部表面常形成黑褐色大小不一的菌核，木质部变褐坏死，随病部扩展，叶片、叶柄变黄，枯萎，严重时整株枯死。

2. 发病规律

病菌以菌丝体或菌丝随病残体在土壤中越冬。翌年春产生分生孢子，借雨水传播，从自然孔口或伤口侵入，高温多雨

易发病，排水不良，湿气滞留时间长发病重。

3. 防治方法

（1）加强果园管理，合理施肥。不偏施氮肥，保持科学合理的种植密度，适当降低土壤湿度等，均能减少茎腐病的发生。

（2）在秋季对果园进行清扫园地，将病枝、病果剪下集中烧毁，消除病原。

（3）在果园内进行农事操作时避免对果树造成伤口，做好果园的虫害防治，以免病菌从伤口入侵造成病害。

（4）5月中旬至7月的发病初期分别在易发病的品种上喷布甲基托布津可湿性粉剂1000倍液，或40%乙磷铝可湿性粉剂600倍液，或福美双可湿性粉剂500倍

液，或 20% 叶枯唑可湿性粉剂 500 倍液，或 32% 唑酮·乙蒜素乳油 1000 ~ 1500 倍液，或 25% 中生·嘧霉胺可湿性粉剂 1000 ~ 1500 倍液等，交替每隔 10 天喷 1 次，连喷带灌。

（九）线虫病

根结线虫是一类植物寄生性线虫，会引起火龙果的根形成根结，并容易感染其他真菌和细菌性病害。

1. 为害症状

根结线虫病会导致火龙果根组织变黑腐烂，也有的根上产生球状根结。线虫侵入后，细根及粗根各部位产生大小不一的不规则瘤状物，即根结，其初为黄白色，外表光滑，后呈褐色并破碎腐烂。线虫寄生后火龙果的根系功能受到破坏，使植株地上部生长衰弱、变黄，影响产量。

2. 发病规律

根结线虫以成虫、卵在土壤、病残体上或以幼虫在土壤中越冬，第二年，越冬幼虫及越冬卵孵化的幼虫侵入火龙果根部，刺激根部组织细胞增生，形似根结。主要借病土、病苗、灌溉水、农具和杂草等传播。在地势高、干燥、土壤质地疏松地块发病重。

3. 防治方法

（1）在播种或定植前使用 10%

噻唑膦颗粒剂均匀撒施于土壤内，或使用1.8%阿维菌素乳油600倍液灌根可有效防治根结线虫。

（2）在根部周围的土壤均匀淋施阿维菌素、噻唑膦、厚孢轮枝菌、淡紫拟青霉、噻唑膦、氟吡菌酰胺、阿维·吡虫啉等其中1~2种药液，15~20天1次，使用2~3次。

二、虫害

火龙果的主要害虫有蚜虫、斜纹夜蛾、甜菜夜蛾、果实蝇、蚂蚁、白蚁、金龟子、蜗牛等。

（一）堆蜡粉蚧

1. 为害特点

该虫主要为害新梢，附着于茎棱边缘，光照不足或照不到的蔓茎常发生，以喙状口器插入茎肉吸收营养。雌成虫体近扁球状，紫黑色，体背披较厚蜡粉，体长约2.5毫米，卵囊蜡质棉团状，白中稍微黄；若虫体形与雌成虫相似，紫色，初孵时体表无蜡粉，固定取食后，开始分泌白色粉状物覆盖在体背与周围。

2. 发生规律

一年可发生4~6代，以幼蚧、成蚧藏匿在被害植物的主干、枝条裂缝等凹陷处越冬。次年天气转暖后恢复活动、取食。雌虫形成蜡质的卵囊，产卵繁殖，卵产在卵囊中，并多行孤雌生殖。若虫孵出后，常以数头至数十头群集在火龙果嫩梢幼芽和嫩枝上取食为害。第一代若虫盛产于4月上旬，第二代于5月中旬，第三代于7月中旬，第四代于9月上中旬，第五代于10月上中旬，第六代于11月中下旬。每年4～5月、10～11月中旬虫口密度较大，为害较重。

3. 防治方法

（1）农业防治：加强果园栽培管理，结合春季火龙果疏花疏果和采果后至春梢萌芽前的修剪，剪除过密枝梢和带虫枝，集中烧毁，使树冠通风透光，降低湿度，减少虫源，减轻为害。同时，控制火龙果冬梢抽生，既可防止树体养分的大量消耗，影响翌年开花结果，又可中断害虫的食料来源，从而降低虫口基数。

（2）物理防治：①发现少量、个别枝叶上有蚧壳虫时，立即用软刷刷去，最好连枝带叶一同剪掉，然后"毁尸灭迹"，以防再感染。或用小竹棍绑上脱脂棉或用小棕刷刷去粉蚧，集中灭杀；②用尼古丁、肥皂水洗刷；③采用喷洒浇水的方法，可防治堆蜡粉蚧的侵害。

（3）化学药剂：对于越冬代的防治可分别于2月上旬、11

月下旬用 45% 晶体石硫合剂 150 ~ 200 倍液进行防治，铲除越冬代的幼虫和卵，降低大田虫口基数。盛发期可选用药剂：2.5% 联苯菊酯乳油 1000 倍液 +70% 吡虫啉可湿性粉剂 1000 倍液，或 8% 丁硫·啶虫脒 800 ~ 1000 倍液，或 5% 阿维菌素乳油 2000 倍液 + 氯氰·毒死蜱乳油 800 ~ 1000 倍液，或 3% 甲维盐水分散粒剂 2500 倍液 +25% 噻嗪酮可湿性粉剂 1000 ~ 1500 倍液，或 5% 阿维菌素乳油 1500 倍液 +25% 噻嗪酮可湿性粉剂 800 倍液等。隔 5 天喷洒 1 次，连续 2 次。

（二）黑刺粉虱

1. 为害特点

若虫寄生在火龙果背背光处刺吸汁液，并诱发严重的煤烟病。病虫交加，养分丧失，光合作用受阻，树势衰弱，芽叶稀瘦，以致枝叶枯萎，严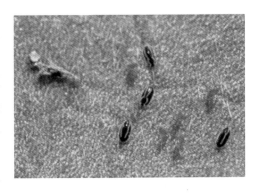重发生时甚至引起枯枝死树。黑刺粉虱通过吸食汁液对火龙果进行为害，嫩梢、果实均可受害，排泄物还可诱发煤烟病，影响作物光合作用，影响树势生长发育及果实品质。

2. 发生规律

一年发生 4 ~ 5 代，以 2 ~ 3 龄幼虫在叶背越冬。发

生世代不整齐，田间各种虫态并存，在云南越冬幼虫于3月上旬至4月上旬化蛹，3月下旬至4月上旬大量羽化为成虫，随后产卵。各代2龄幼虫盛发期为5~6月、6月下旬至7月中旬、8月上旬至9月上旬、10月下旬至11月下旬。成虫多在早晨露水未干时羽化，初羽化时喜欢荫蔽的环境，日间常在树冠内幼嫩的枝叶上活动，有趋光性，可借风力传播到远方。羽化后2~3天，便可交尾产卵，多产在叶背，散生或密集成圆弧形。幼虫孵化后作短距离爬行吸食。蜕皮后将皮留在体背上，以后每蜕一次皮均将上一次蜕的皮往上推而留于体背上。一生共蜕皮3次，2~3龄幼虫固定为害，严重时排泄物增多，煤烟病严重。

3. 防治方法

（1）保护天敌，尽量减少果园用药次数和农药用量，以保护和促进天敌的繁殖，充分发挥自然天敌的控制作用。

（2）生物防治，韦伯虫座孢菌对黑刺粉虱幼虫有较强的致病性，使用浓度以每毫升含孢子量2亿～3亿个为宜，防治时期掌握在1、2龄幼虫期。

（3）色板诱集，用黄色色板在成虫期诱捕成虫。

（4）农药防治，冬季用45%晶体石硫合剂150～200

倍液喷雾，生长季节掌握卵孵化盛产期用药，药剂可选用2.5%溴氰菊酯乳油3000倍液，或2.5%联苯菊酯乳油1500倍液，或10%吡虫啉可湿性粉剂1000～2000倍液（用剂量每亩20～30克），或25%噻虫嗪水分散粒剂2000～2500倍液喷雾。

（三）蓟马

1. 为害特点

以成虫和若虫锉吸植株幼嫩组织（枝梢、叶片、花、果实等）汁液，植物受害后，叶面上出现灰白色长形的失绿点，受害严重可导致花器早落，叶片干枯，新梢无顶芽被害叶片叶缘卷曲不能伸展，呈波纹状，叶脉淡黄绿色，叶肉出现黄色锉伤点，似花叶状，最后被害叶变黄、变脆、易脱落。新梢顶芽受害，生长点受抑制，出现枝叶丛生现象或顶芽萎缩；幼嫩果实被害后会硬化，严重时造成落果，严重影响产量和品质。

2. 发生规律

一年繁殖17～20代，多以成虫潜伏在土块、土缝下或枯枝落叶间越冬，少数以若虫在表土越冬。雌成虫主要行孤雌生殖，偶有两性生殖，极难见到雄虫。卵散产于叶肉组织内。若虫在叶背取食到高龄末期停止取食。成虫极活跃，善飞能跳，可借自身力量迁移扩散。成虫怕强光，具有昼伏夜出的特性，多在背光场所集中为害。随着光照强度的增强，蓟马就会躲在花中或土壤缝隙中不再为害，阴天、早晨、傍晚和夜间才在寄主表面活动，这也是蓟马难防治的原因之一。因此特性，当用常规触杀性药剂时，白天常因喷不到虫体而见不到药效。

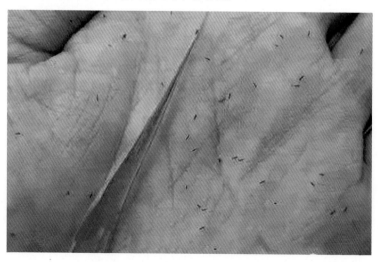

3. 防治方法

（1）农业防治：早春清除田间杂草和枯枝残叶，集中烧毁或深埋，消灭越冬成虫和若虫。加强肥水管理，促进植株生长健壮，减轻为害。

（2）物理防治：利用蓟马趋蓝色的习性，在田间设置蓝色黏板，诱杀成虫，黏板高度与火龙果高度持平。

（3）药物防治：常规使用吡虫啉、啶虫脒等常规药剂，防效逐步降低，目前国际上比较推广交替用药防治方法

当每株虫量为 30 ~ 50 头时，应喷药防治。可用 2.5% 联苯菊酯乳油 1500 倍液，或 30% 高锰（吡虫啉）微乳剂 3000 倍液，或 20% 阿达克（啶虫脒）可溶液剂 2000 倍液，或 1.8% 阿维菌素乳剂 1000 倍液，80% 敌敌畏乳剂 1000 倍液，或 5% 高效大功臣可湿性粉剂 1000 倍液，或 2.5% 菜喜（105）胶悬剂 1000 倍液，或 20% 好年冬乳剂 800 倍液，交替使用，每隔 7 ~ 10 天 1 次，连续用 2 ~ 3 次。

另外，蓟马有喜欢甜食的特性，可在杀虫药中加入一点白糖来增强防治效果。

（四）尺蠖类害虫

1. 为害特点

尺蠖类害虫主要有毒尺蠖、绿额翠蠖，为害火龙果新梢。成虫体长约 11 毫米，翅展约 25 毫米。体翅灰白，翅面散生茶褐至黑褐色鳞粉。成熟幼虫体长 26 ~ 30 毫米，黄褐、灰褐至棕褐色。

2. 发生规律

每年发生 1 代，以蛹在树下土中 8 ~ 10 厘米处越冬。翌年 3 月下旬至 4 月上旬羽化。雌蛾出土后，当晚爬至树上交尾，卵多产在树皮缝内，卵块上覆盖有雌蛾尾端绒毛。4 月上旬火龙果发新芽，幼虫孵化为害，为害盛期在 5 月份。5 月上旬至 5 月下旬幼虫先后老熟，入土化蛹越夏越冬。

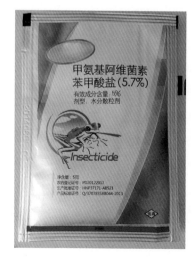

3. 防治方法

（1）冬季清园，人工挖蛹，清除枯枝落叶，减少虫源，利用假死性，可敲树震虫，收集并杀灭，灯光诱杀成虫。

（2）在幼虫发生初期喷洒苏云金杆菌制剂，每克含 100 亿的可湿性粉剂 100

倍液，或 5.7% 甲维盐水分散粒剂 3000 ～ 3500 倍液，或 1.8% 阿维菌素乳油 1500 倍，或 2.5% 天王星乳油 1500 倍液，或 20% 灭扫利乳油 2000 倍液，或 40% 氰戊菊酯乳油 2000 ～ 3000 倍液，或 20% 菊·马乳油 1000 倍液，或 4.5% 高效顺反氯氰菊酯乳油 2000 倍液等，10 天 1 次，连用 2 ～ 3 次。

（五）刺蛾类害虫

为害火龙果植株嫩茎、茎尖的刺蛾类害虫主要有两线刺蛾、黄刺蛾和青刺蛾。

1. 为害特点

初孵幼虫在寄主叶背群集啃食叶片，形成半透明圆形斑块。大龄幼虫可将叶片吃成很多孔洞、缺刻，严重时将叶片吃光，影响树势和果实产量。幼虫身体上有毒刺和毒毛，触及人体皮肤后会造成疼、痒、辛、辣、麻、热等感觉。

2. 发生规律

云南省每年发生 3 代。4 月中旬开始化蛹，5 月中旬至 6 月上旬羽化。第一代幼虫发生期为 5 月下旬至 7 月中旬。第二代幼虫发生期为 7 月下旬至 9 月中旬。第三代幼虫发生期为 9 月上旬至 10 月。以末代老熟幼虫在树下

3～6厘米土层内结茧越冬。成虫多在黄昏时羽化出土，昼伏夜出，羽化后即可交配，2天后产卵，多散产于叶面上。卵期7天左右，幼虫共8龄，6龄起可食全叶，老熟后多夜间下树入土结茧。

3. 防治方法

（1）人工摘茧或挖茧。在枝干上或树冠附近浅土中、草丛中挖茧，一些虫茧附毒毛，要防止中毒。

（2）摘幼虫。幼龄幼虫群集叶片为害成透明斑，易发现，要防止中毒。

（3）灯光诱杀。利用成虫的趋光性进行灯诱，也可预测虫情。

（4）阻杀。利用刺蛾老熟幼虫沿树干爬行下树越冬的习性，用毒环毒杀下树的幼虫，毒笔涂环或20%杀灭菊酯树干上喷毒环，或与柴油以1：2混合，用牛皮纸浸液后树干上围环。毒笔制作：2.5%溴氰菊酯、滑石粉、石膏粉以1：1：3调和成型，干燥1天后备用，树高30～50

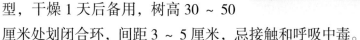

厘米处划闭合环，间距3～5厘米，忌接触和呼吸中毒。

（5）药剂防治：幼虫3龄以前施药效果好，可用90%晶体敌百虫600倍液、2.5%溴氰菊酯乳油2000倍液，或10%吡虫啉乳油800～1000倍液喷雾，或20%甲氰菊酯（灭扫利）乳油2000～3000倍液，或2.5%三氟氯氰菊酯（功夫）乳油1000～2000倍液效果均好。

（6）保护和利用天敌。施用多角体病毒或青虫菌制剂。注意保护利用广肩小蜂、赤眼蜂、姬蜂等天敌。

（六）毒蛾类害虫

1. 为害特点

幼虫孵化后聚集在火龙果嫩枝上啃食为害。人体接触毒毛，常引发皮炎，有的造成淋巴发炎。

2. 发生规律

云南省一年发生6代，主要以3龄或4龄幼虫在枯叶、树杈、树干缝隙及落叶中结茧越冬。翌年4月开始活动，危害春芽及叶片。一、二、三代幼虫为害高峰期主要在5月中旬、7月上中旬和8月上中旬，9月上旬前后开始结茧越冬。成虫白天潜伏在中下部叶背，傍晚飞出活动、交尾、产卵，把卵产在叶背，形成长条形卵块。成虫寿命7～17天。每雌产卵149～681粒，卵期4～7天。幼虫蜕皮5～7次，历时20～37天，越冬代长达250天。初孵幼虫喜群集在叶背啃食为害，3、4龄后分散为害叶片，有假死性，老熟后多卷叶或在叶背树干缝隙或近地面土缝中结茧化蛹，蛹期7～12天。天敌主要有黑卵蜂、大角啮小蜂、矮饰苔寄蝇、桑毛虫绒茧蜂等。

3. 防治方法

在2龄幼虫高峰

期，及时喷洒 2.5% 敌杀死乳油 2000 倍液，或 20% 速灭杀丁乳油 3000 倍液，或 10% 天王星乳油 2500 倍液，或 2.5% 功夫菊酯乳油 2000 ～ 3000 倍液，或 50% 混灭威乳油 500 ～ 1000 倍液，或 25% 爱卡士乳油 1000 ～ 1500 倍液，或 90% 晶体敌百虫 600 倍液，或 10% 吡虫啉可湿性粉剂 1000 倍液，或 5% 锐劲特乳油 1000 倍液等。

（七）金龟子类害虫

1. 为害特点

成虫取食嫩梢、花、幼果，导致嫩梢、茎片成缺刻或孔洞，落花、落果。幼虫（蛴螬）生活在土中，为害火龙果的根部，影响火龙果正常生长。

2. 发生规律

在云南一年发生 1 代，以成虫在土中越冬。每年出土的时间为 3 月下旬至 4 月上旬，4 月中旬为出土高峰期，以火龙果的嫩茎、幼芽和花蕾为食。成虫白天潜伏土中，于傍晚和夜间活动，有较强的飞翔力。成虫有一定的趋光性，也有假死性。产卵期在 6 月份，通常在 5 ～ 10 厘米深的表土层中产卵。6 月中下旬出现第一

代幼虫，为害根系。幼虫在8月中旬至9月中旬老熟，潜入土壤20～30厘米深处，做土室越冬。

3. 防治方法

（1）灯光诱杀。有电源的地方，可利用金龟子的趋光性，采用20W黑光灯或频振式杀虫灯诱杀金龟子（成虫）。

（2）在成虫发生盛期的白天或晚上，利用金龟子对植物的趋化性，成批金龟子集聚树上进行取食、交配，组织人工捕杀。并利用其假死性，在地下铺展塑料布，猛烈摇动树身，使金龟子掉落，集中消灭。

（3）在成虫盛期，可用40%乐斯本乳油1000倍液，或50%辛硫磷乳油1000～1500倍液+80%敌敌畏乳油1000倍液，二者混配调匀喷树，或用2.5%敌杀死乳油2000～3000倍液喷洒。幼虫（蛴螬）防治可结合除草松土或建立新果园翻犁松土时，每公顷用50%辛硫磷乳油3.75千克（每亩0.25千克），或40%毒死蜱（乐斯本）乳油1500倍液灌根。

（八）果实蝇

1. 为害特点

果实蝇成虫一般把卵产在火龙果的表皮下面。幼虫孵出后就在果内进行取食。幼小的果实蝇在果中取食后就会让果实变质腐烂，影响果品。

2. 发生规律

果实蝇在云南省一年发生 7 ~ 8 代。在温度大于 30℃、湿度 90% 的情况下，每 25 天左右完成一个世代。世代重叠明显，同一时期各种虫态均能见到。以老熟幼虫或蛹在土中越冬，翌年 4 月上、中旬开始羽化。成虫一年有 2 个活动高峰期，即 4 月下旬至 5 月下旬和 8 月上旬至 9 月下旬，以第二个活动高峰期虫量最大，为害也最大。第一个高峰为害当地柚子、杨梅；第二个高峰主要为害火龙果、罗汉果。成虫全年有 8 个月为害活动。

3. 防治方法

由于果实蝇的为害方式与其他害虫不同，还有其迁飞特性和较快的繁殖速度。因此用一般化学药剂防治的方法很难达到理想的防治效果。想要有效防治果实蝇就要从多方面着手，综合防治。

（1）诱杀成虫

6～10月为果实蝇暴发期，注意在高峰期更换补充。诱杀的产品有物理诱虫黄板、引诱剂、诱虫灯、诱捕球等。

①用"甲基丁香酚"引诱剂诱杀果实蝇的雄虫或用"猎蝇"诱杀（雌雄双杀）。

②用适量杀虫剂（如敌百虫）涂抹于香蕉皮或芒果皮放置田间诱杀成虫。

③利用成虫对颜色、气味等的趋性，用黄板进行诱杀，建议将有果香味的黄板挂置在园区周边。

（2）化学防治

使用趋避性的药剂，防治果实蝇在果实成熟期叮咬果实产卵，可使用乐果、敌敌畏、毒死蜱等药剂，稀释50倍液，用塑料瓶挂放在果园中，2～3株树挂1瓶。

药剂防治：10%氯氟氰菊酯乳油800倍液，或1.8%阿维菌素乳油1500倍液，或1%甲维盐乳油2000倍液，或75%灭蝇胺可湿性粉剂1500～2000倍液喷雾防治。还可以使用联苯菊酯＋烯啶虫胺或噻虫嗪喷施防治。

日常喷药时，注意土壤表面的杀虫工作，可采用具有

◎第七篇　病虫害防治

一定的土壤渗透性的药剂或者添加一些助剂，封杀虫蛹。

（3）套袋保护

果实套袋是较好的物理防治措施，但是人工成本较高，有条件的果园可以采取此法。在幼果期进行套袋，既可以减轻各种病虫为害、日灼，又可提高果实的品质和商品价值。

（4）田间管理

做好果园清洁是防治果实蝇的关键一步，果实蝇以花蜜和腐果为食，因此要及时清除园内落果、烂果，进行集中处理。以免为果实蝇繁殖提供温床。同时火龙果残花也为害虫虫卵提供生长环境，尤其是经高温雨水后的残花，里面更容易生虫。最后，做好园区的排水工作，控制园区湿度，控制虫蛹的孵化。

（九）蚂蚁

1. 为害特点

蚂蚁群集为害火龙果幼嫩芽梢、花和果实。被蚂蚁取食为害过的幼嫩组织呈凹陷状，严重时嫩芽不能抽发，果实发育不良，且容易感染其他病害。被蚂蚁为害过的嫩芽腐烂，容易被误认为是茎腐病。

2. 发生规律

火龙果分泌汁液时易发生蚂蚁为害。主要在每年的4～11

月活动，冬季几乎不活动。除此以外，如果果园出现蚂蚁，那么也要小心蚜虫的出现，因为蚂蚁通过获取蚜虫产生的衍生物为食。蚜虫本身行动缓慢，蚂蚁却机动性很强。所以，蚂蚁往往是蚜虫的运输大队长也是"帮凶"，专门负责运送蚜虫到嫩尖儿的部位上去。

3. 防治方法

（1）田间地头、除草干净。

（2）撒施药剂：蚂蚁防治的重点是找到蚁穴，但是

寻找蚁穴又不是件容易的事，可以选择在根系附近撒施毒死蜱颗粒剂，可长期防治蚂蚁和地下害虫。

（3）药剂防治：

利用毒饵：用麦麸 5 千克放进锅内炒香，用 90% 晶体敌百虫 600 倍液，或 26% 辛硫·高氯氟乳油 500 倍液喷洒在麦麸上，充分搅拌均匀，再用蜂蜜 0.5 千克兑水 1.5 千克洒在上面，把它撒在蚂蚁途经的地方，将蚂蚁消灭。

喷雾：2.5% 高效氯氟氰菊酯 300 克 +3.2% 阿维菌素 400 克 + 吡蚜酮 200 克兑水 400 千克进行叶面喷施。

（十）白蚁

1. 为害特点

在土中咬食火龙果根系或出土沿茎干筑泥路，咬食

嫩梢，削弱树势，严重为害时引起火龙果的死亡。

2. 发生规律

当年羽化，当年分飞，分飞一般在3月下旬至5月下旬。分飞前由工蚁修筑分飞孔，孔突高3～4厘米，底径4～8厘米，外形呈不规则的小土堆。分飞通常发生在18～20时。有翅成虫有趋光性。雌雄配对定居后6～8天开始产卵，每天产卵4～6粒，第一批卵30～40粒，孵化期为26～40天。幼蚁经数次蜕皮后变成小工蚁、兵蚁和有翅繁殖蚁。白蚁的活动和取食有明显的季节性，在云南，11月下旬开始转入地下活动，翌年3月开始为害，5～6月形成第一个为害高峰期，9～10月形成第二个为害高峰期，在雨季为害较轻，旱季较重。在秋旱季节，白蚁常在树干外取食干枯的树皮，这段时间的白蚁对火龙果无害。

3. 防治方法

（1）防治白蚁可在根部使用药物灭除或喷撒"灭白蚁粉"剂。

（2）用10%吡虫啉150倍液＋苏云金杆菌40倍液喷杀（或浇灌蚁道）。

（3）用90%敌百虫晶体1千克加水500千克，每株灌淋2.5千克，或用樟木油稀释成600～800倍，在发生部位淋250毫升。

（十一）蝼蛄

1. 为害特点

蝼蛄具有极强的隐蔽性，常年在土壤深层活动，并且活动速度非常快。它具有一对非常有力呈锯齿状的开掘足，在地下来回切割根茎并往前爬行，拱出多条隧道，所过之处，根茎全被切断。取食为害根系，同时蝼蛄在地表层活动，形成隧道，使幼苗根与土壤分离，造成幼苗凋枯死亡。

2. 发生规律

非洲蝼蛄在云南一年完成1代，以成虫和若虫在土壤中越冬。华北蝼蛄一般需2年左右完成1代，以成虫和若虫在土壤中越冬。次年3～4月随着地温回升，进入土表活动，5月上旬至6月中旬是蝼蛄为害盛期。春夏季由于土温较高，土壤疏松，有机质多，利于蝼蛄活动，为害严重。蝼蛄昼伏夜出，具趋光性和趋化性，尤其喜香甜物质，对未腐熟的牛、马粪肥有趋性。蝼蛄喜欢在潮湿的土壤表土层活动，所以有"蝼蛄跑湿不跑干"之说。非洲蝼蛄常栖息于沿河两岸、灌渠等水边。

3. 防治方法

（1）药剂处理土壤，用 50% 辛硫磷乳油每亩 200 ~ 250 克，加水 10 倍液喷到 25 ~ 30 千克细土上拌匀制成毒土，顺垄条施，或 5% 辛硫磷颗粒剂拌毒土，每亩 2.5 ~ 3 千克处理土壤。

（2）使用三唑磷颗粒剂、噻虫嗪颗粒剂沿着根部撒施，在土壤中存留时间比较长，持效期长。

三、红黄蜘蛛

1. 为害特点

在火龙果园中主要为害火龙果植株新梢，有蛛丝状体。雌成螨深红色，椭圆形。越冬卵红色，非越冬卵淡黄色，比较少。越冬代幼螨红色，非越冬代幼螨黄色。越冬代若螨红色，非越冬代若螨黄色，体两侧有黑斑，为害后，火龙果生长缓慢，根系腐烂。

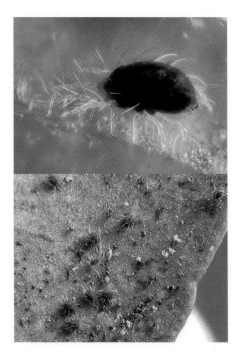

2. 发生规律

红蜘蛛主要以卵或受精雌成螨在植物枝干裂缝、落叶以及根际周围浅土层土缝等处越冬。第二年春天气温回升，火龙果开始发芽生长时，越冬雌成螨开始活动为害。开春火龙果发芽时爬到植株新梢上为害，先在新梢为害，逐渐向整个枝条扩散。发生量大时，在植株表面拉丝爬行，借风传播。一般情况下，在5月中旬达到盛发期，7～8月是全年的发生高峰期，尤以6月下旬至7月上旬为害最为严重。常使全树叶片枯黄发白。该螨完成一代平均需要10～15天，既可以两性生殖，又可以孤雌生殖，雌螨一生只交配一次，雄螨可交配多次。越冬代雌成螨出现时间的早晚，与寄主本身的营养状况的好坏密切相关。寄主受害越重，营养状况越冬螨出现得越早。在云南省，到11上旬仍有个体为害。

3. 防治方法

（1）田间悬挂黄板或蓝色黏虫板进行引诱杀灭。

（2）清水冲洗侵染部分或用手抹除。

（3）可用辣椒液喷洒被侵染植株进行防治。

（4）药剂防治：注意检查虫情，及时喷药防治，可选以下药剂：15%哒螨灵乳油1500～2000倍液，

红太阳巴斯本®

哒螨灵

有效成分含量：15%
剂型：乳油

农药登记证号：PD20040544
产品标准证号：GB28148-2011
生产许可证号：XK13-003-00822

净含量：10毫升

中等毒　易燃

杀虫剂

或 5% 阿维菌素乳油 1500 倍液、5% 尼索朗乳油 1000 倍
液，35% 杀螨特乳油 1500 倍液，20% 螨克乳油 1000 倍
液，73% 克螨特乳油 1500 ~ 2000 倍液，50% 托尔克可湿
性粉剂 1000 ~ 2000 倍液等。以上农药最好交替使用，隔
7 ~ 10 天喷 1 次，连喷 3 次，可控制其为害。

四、软体动物

（一）野蛞蝓

1. 为害特点

主要为害火龙果和
各种蔬菜、农作物。取
食火龙果叶片成孔，尤
以幼苗、嫩叶受害最
重。还为害成熟期果
实，咬食果实后，常造
成孔洞。蛞蝓能分泌一

种黏液，黏液干后呈银白色，因此凡被该虫爬过的果实，
均留有白色黏液痕迹，使果实商品价值降低。

2. 发生规律

以成虫体或幼体在火龙果根部湿土下越冬。4 ~ 5 月
在田间大量活动为害，入夏气温升高，活动减弱，秋季气
候凉爽后，又活动为害。在南方每年 3 ~ 5 月和 9 ~ 11
月有两个活动高峰期。喜欢在潮湿、低洼果园中为害。梅
雨季节是为害盛期。完成一个世代约 250 天，5 ~ 7 月产
卵，卵期 16 ~ 17 天，从孵化至成熟约 55 天。成虫产卵

期可长达 160 天。野蛞蝓雌雄同体，异体受精，亦可同体受精繁殖。卵产于湿度大有隐蔽的土缝中，每隔 1 ~ 2 天产卵一次，约 10 ~ 32 粒，每处产卵 10 粒左右，平均产卵量为 400 余粒。野蛞蝓怕光，强光下 2 ~ 3 小时即死亡，因此均在夜间活动，从傍晚开始出动，晚上 10 ~ 11 时达高峰，清晨之前又陆续潜入土中或隐蔽处。耐饥力强，在食物

缺乏或不良条件下能不吃不动。阴暗潮湿的环境容易大发生，当气温为 11.5 ~ 18.5℃，土壤含水量为 20% ~ 30% 时，对其生长发育最为有利。

3. 防治方法

（1）采用高畦栽培，并覆盖地膜，以减少为害机会。

（2）可在田边、地埂上撒石灰或草木灰，蛞蝓爬过时身体会失水死亡。

（3）在火龙果生长期发现该虫可用氨水剂 150 倍液喷洒地面，或用 18% 灭蜗灵颗粒剂，每亩撒施 1 ~ 1.5 千克进行防治。

（二）蜗牛

为害火龙果的蜗牛主要有灰巴蜗牛和同型巴蜗牛，其中，以同型巴蜗牛较为严重。

1. 为害特点

以火龙果为寄主,为害火龙果幼枝、花、果。主要取食火龙果的幼嫩器官,幼枝常被其吃成缺刻,果实取食后形成凹坑状,影响枝条生长和果实的外观品质。蜗牛取食造成的伤口有时还易诱发软腐病等,致火龙果腐烂坏死

2. 发生规律

蜗牛昼伏夜出,多在下午 6 点以后开始活动、取食,晚上 8 ~ 11 点达到高峰,午夜后取食量逐渐减少,至清晨陆续停止取食,潜入土中或隐蔽处。蜗牛喜阴暗、潮湿的环境,阴雨天或浇水后可昼夜活动、取食。雨后,蜗牛常成群出动为害。蜗牛多的时候,每一个火龙果上都能找

到多个。干燥时,同型巴蜗牛喜欢躲在火龙果和水泥柱的缝隙之间。在柱式种植火龙果基地,轮圈下是最理想的场所。

3. 防治方法

(1)农业措施

①采用地膜覆盖栽培,有利于减轻蜗牛为害。

②合理密植,及时整枝绑蔓,去除下部老枝,铲除杂草。

③雨后或浇水后及时中耕,破坏蜗牛的栖息和产卵场所。

④秋季深耕，使部分越冬蜗牛暴露于地面而被冻死或被天敌啄食。

⑤人工捕捉，雨后晚上或早上进行捕捉效果较好。

⑥自然界中，蜗牛天敌较多，如家禽、蛙、萤火虫等，可以通过在火龙果地里养鸭的方式防治蜗牛。

（2）化学措施

防治蜗牛最有效的是四聚乙醛，四聚乙醛有特殊香味，对蜗牛有很强的引诱力。喷药后会引诱蜗牛从树上爬下来取食或接触到药剂后，使蜗牛体内乙酰胆碱酯酶大量释放，破坏蜗牛体内特殊的黏液，使蜗牛迅速脱水。所以可以用四聚乙醛拌土，均匀撒施于田间或树周围，可起到较好的防治效果。

四聚乙醛对人畜低毒，也不会被植物体吸收，就不会对植物体造成危害。

为方便蜗牛取食，施药后不要在地内践踏。若遇大雨，药粒被雨水冲入水中，也会影响药效，需补施。使用耐雨的颗粒剂效果更好。

蜗牛大量上树时，可使用8%四聚乙醛（添诺）可湿性粉剂1000倍液兑水喷洒枝条和根部，增大蜗牛触杀面积，加

强使用效果。日常防治使用颗粒剂即可。

另外，每亩可用 6% 蜗螺净颗粒剂 400 ~ 500 克，或 6% 蜗怕颗粒剂 400 ~ 500 克，或 2% 灭旱螺毒饵 400 ~ 500 克，或 5% 梅塔颗粒剂 250 ~ 350 克，或 6% 密达颗粒剂 250 ~ 350 克，或者 10% 多聚乙醛等拌土撒施都有一定的防治效果。

第八篇 火龙果采收

一、采收时间

在云南，5月到11月期间，火龙果成株先后多次多批现蕾、开花、结果及成熟（其间有一两次集中的花果期）。火龙果授粉成功的花朵，从授粉后30～40天，果实由绿色转变为红色后，果皮颜色鲜艳，有光泽时即可采收。果实上肉质鳞片完全展开、鳞片转红超过一半或鳞片软化呈反卷渐渐往后弯时，为果实采收的最佳时期。过早过迟采收均有不良影响，过早采收，成熟度不够，甜度较低，还有草腥味，口感较差，因为果实内营养成分还未能转化完全，影响果实的品质和产量；过迟采收，不但会引起果实尾端裂开（红肉种特别容易裂果），果质变软，风味变淡，品质下降，不利运输和贮藏，还会引起果皮局部颜色变黑，甚至烂果。对于长途运输或需长时间存放的果实，宜在果实软化、颜色变暗前采收。

采收前几周应订好采收计划，做好采收的一切准备工作，应先熟先采，分期采收，供贮存的果实可比当地鲜销果实早采，而当地鲜销果实和加工用果，可在充分成熟时采收。火龙果应在适宜的天气采收，最好在温度较低的晴天早晨露水干后进行。雨露天采收，果面水分过多，易使病虫滋生。大风大雨后应隔2～3天采收。若晴天烈日下采收，则果温过高，呼吸作用旺盛，降低贮运品质。

采收时间以清晨为宜，避免在午间时段气温高时采收，以免果实温度过高，采收搬运过程中要避免机械损伤、暴晒。

二、采收工具

火龙果采收时用的果剪，必须是圆头，以免刺伤果实。果筐内应衬垫麻布、纸、草等物，尽量减少果实的机械损伤。采收时，用果剪从果柄处剪断，轻放于包装筐或箱内即可。

三、采收方法

采收时要尽量保留果梗，带有果梗的果实在贮藏过程中比不带果梗的果实重量损失少，其成熟过程慢一些，贮藏寿命也就相对长一些。保留果梗可用果剪齐蒂将果柄平剪掉，这样可避免包装贮运中果实相互划伤。

在采收问题上，红肉种火龙果与白肉种火龙果表现有所不同，红肉种延迟采收极易发生裂果现象。采收时，应由果梗部分剪下并附带部分果茎，带有果梗的果实比较耐贮藏，同时避免碰撞挤压，以免造成机械损伤。

四、分级、包装、贮藏

采收后按大小分级、包装。根据果实的周径将火龙果分成小（<20厘米）、中（20～35厘米）和大（>35厘米）三档。也可根据重量将火龙果分成极小（<150克）、小（150～250克）、中（250～450克）、大（450～650克）和极大（>650克）五档。

采收后的火龙果果实应放在阴凉处，不能日晒雨淋，采收后进行果实初选，按果实的大小和饱满程度分级包装，果实经挑选、分级、清洁后，用纸箱或木条箱盛装，逐个放在箱内将果实固定，分层叠放，这样可大大减少果实在贮运中受到机械损伤，也可提高果实的商品档次。一般水果如呼吸率高则贮藏寿命短，呼吸率低则贮藏期长。采收后的火龙果果实属于呼吸率低的水果，并且由于果皮厚又有蜡质保护，极耐贮运。在常温下可保存15天以上，若装箱冷藏，贮藏温度在5℃左右，保存时间更可长达1个月以上。但在高温季节，火龙果收获后必须置于阴凉处散热，并进行冷藏以利于保鲜。火龙果的这种易贮存特性，在市场销售中更具竞争性和便利性。

参考文献

［1］各地火龙果品种简介.水果邦农人之家论坛，2019.9.17.

［2］火龙果的育苗技术.百度文库.2019.5.23.

［3］火龙果木繁殖培养技术.新农网.

［4］朱白庚.火龙果的栽培方式［J］.农家之友，2011（07）：13.

［5］火龙果——营养价值.美食天下.2012.09.30.

［6］郑良水.海南岛火龙果丰产栽培技术［J］.热带农业科学，2004，24（4）：36-41.

［7］黎均.火龙果栽培技术［J］.花卉，2002（11）：20-21.

［8］李德勇.火龙果的栽培技术［J］.柑桔与亚热带果树信息，2001.

［9］王领，何聪芬，董银卯，等.火龙果的生物学特性及开发应用概况［J］.北方园艺，2008（3）：57-60.

［10］杨巧云，邹琼，吕淑玉，等．日光温火龙果栽培技术［J］；河南农业科学，2004（1）：58.

［11］黄爱萍．姜帆．高惠颖，等．我国大陆火龙果引种栽培与利用现状［J］.台湾农业探索，2005（04）：46-47.

［12］百度图片．